見あげたい日本の空☆復活へのシナリオ

無電柱化の時代へ◎　もくじ

はじめに

私たちは、一〇〇年以上続いた世界に類のない「無電柱化鎖国」から開港し、「電柱大国」を脱する夜明けを迎えつつある。

思えば二〇〇七年四月、NPO法人電線のない街づくり支援ネットワークを立ち上げた頃とは隔世の感がある。その後「一般社団法人 無電柱化民間プロジェクト実行委員会」(二〇一四)、「無電柱化を推進する市区町村長の会」(二〇一五年設立当初二九〇以上の市区町村長参加)といった団体も組織化され、相互に連携しつつ「無電柱化の推進に関する法律」制定に尽力し、事業推進、啓発活動をそれぞれの持ち味を生かしつつ展開してきた。

そして「無電柱化の推進に関する法律」が施行(二〇一六年一二月)され、悲願は達成された。しかし、それは電柱・電線類に覆い尽くされた日本の空を、美しく、安心して仰ぐのには、ほんの第一歩に過ぎないこともすぐに実感した。その実現には余りにも多くのハードルがある特殊事情の国でもあったのである。

でもそれはすべて克服できることも確かだし、そのための努力、行動が官民あげて急ピッチで進められている。すでに新しい実証も見られる。ただ、まだまだ情報は行き渡っていない中で、今、何より求められている「無電柱化の手引き」決定版、となることを願っての本書の刊行である。

1　なぜ今、無電柱化なのか

(1)　災害に強いまちづくり

近年、地震や台風・大雨・竜巻など人の生死にかかわるような激甚災害が多発している。私達はこうした災害に日頃から備えておかなければならない。

一九九五年一月に発生した阪神・淡路大震災や二〇一一年三月の東日本大震災、二〇一六年四月の熊本地震のような巨大地震が発生すると、電柱は倒れ、道路が寸断されてしまう。倒れた電柱は、原則、所有者である電柱管理者が処理することになっており、それまで避難や災害救助の妨げになる。停電も発生し、被害が大きければ復旧にも時間がかかる。

電柱を地中化することで、停電による被害を未然に防

阪神・淡路大震災時の電柱が倒れた様子（故長谷川弘直副理事長 撮影）

ぐことができる。表は阪神・淡路大震災時のデータだが、電柱は通信・電力がそれぞれ約三六〇〇本と約四五〇〇本で併せて約八一〇〇本が倒壊し、それぞれ全体の二・四％、一〇・三％の供給に障害が出たということである。「被害は地中の方が多い」という説もあったが、阪神・淡路大震災においては地中線ではそれぞれ〇・〇三％、四・七％の被害率で、通信では地中線が架空線の八〇分の一、電力では二分の一の被害比率であり、ともに地中の方が被害が少なかった。それは東日本大震災でも同様の結果だった。この八一〇〇本の電柱倒壊は消火活動や緊急避難、救助への障害を引き起こした。

私たちの身近にある電柱が災害時には凶器であり、障害物になることはもはや常識になっているが、このことが現在のまちづくりに反映されているかは疑わしい。国の標榜する国土強靭化計画にも、無電柱化は必須であり、災害に強いまちづくりに電柱は不要である。

		供給支障被害状況（被害率）		比較（地中線／架空線）	設備被害状況（電柱の倒壊等）
		地中線	架空線		
阪神・淡路大震災	通信	0.03%	2.4%	1/80	約3,600本
	電力	4.7%	10.3%	1/2	約4.500本
東日本大震災	通信	地震動エリア　：0.0% 液状化エリア　：0.1% 津波エリア　：0.3%	地震動エリア　：0.0% 液状化エリア　：0.9% 津波エリア　：7.9%	1/25	約28,000本
	電力	（データなし）	（データなし）	—	約28,000本

（出典）〇電力［東日本大震災］：東北電力・東京電力調べ
〇電力［阪神・淡路大震災］：地震に強い電気設備のために（資源エネルギー庁編）
〇通信：NTT調べ

東日本大震災・阪神淡路大震災時のライフラインへの被害状況（国土交通省資料による）

⑵ 安心して歩ける道づくり

電柱は歩道と車道の境界に立っていることが多いが、それによって車いす等の通行が妨げられている。また小学生等は横断歩道脇の電柱が邪魔で自動車の往来がよく見えないため、車道に片足を踏み出して左右確認しなければならず危険である。さらに歩道のない道路で、歩行者の歩行軌跡を調査すると、電柱を避けた後すぐに路肩に戻って歩くのではなく、避けたままで直進することが多いと分かっている。電柱は歩行者

危ない通学風景
資料提供：（一社）無電柱化民間プロジェクト実行委員会

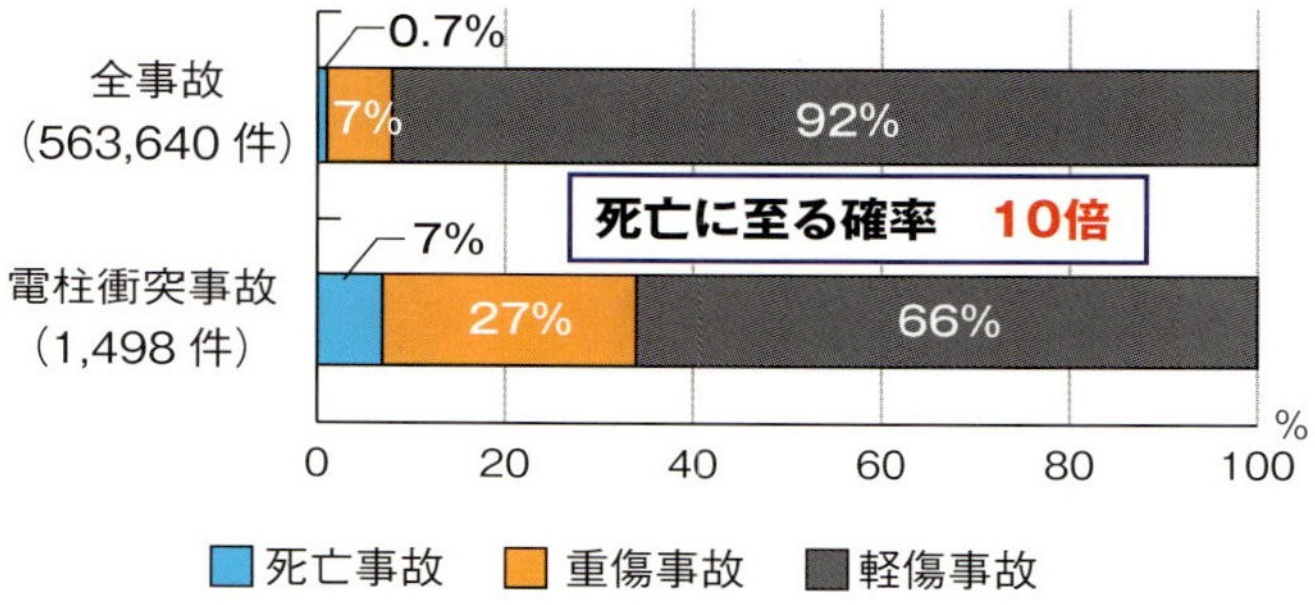

平成26年の全事故と電柱衝突事故の内訳（平成27.3警察庁資料による）

から、占用面積以上に歩行者の便益を損なっているのである。

また、電柱と自動車が衝突する事故に巻き込まれると、死亡率が一〇倍に跳ね上がることが分かっている。二〇一四年では、全事故のうち死亡事故が三八九九件で〇・七％だったが、そのうち電柱衝突事故での死亡事故は一〇六件で七％であった。

日本の道路の約九割は、歩道のない狭隘道路である。そこに電柱があることで有効幅員を減少させ、事故のリスクを高めているのだ。

Column 震災に関する調査から

阪神・淡路大震災に関し、二〇一四年末に「無電柱化民間プロジェクト」が実施した被災者二〇〇人に対するインターネットでの調査では、被災者の七六％が「震災の際に倒れた電柱によって何らかの被害に遭遇している。」また七三％の人が「復興のタイミングで電柱を地中化すべきだった」と回答しており、「どのような電柱（またはその機能を果たす送電設備）がよいと考えますか」に対しては、「地上に無い方がよい」が六五・五％に上っている。被災者は三分の二以上が倒壊電柱により被害を受け、地中化を望んでいたのである。

ところが現実には、電線事業者は倒壊電柱が引き起こす二次災害の回避よりも、電力・通信の復旧を最優先する。阪神・淡路大震災ではそれが「通電火災」を起こすという深刻な問題を惹起した。それ以外にも、倒壊電柱は電線や機器等様々な所有者に属するため、数カ月間放置されて復興の邪魔になることがある。それを横目に、早々に新たな電柱が立てられてしまう。「復興のタイミングで電柱を地中化すべきだった」と考える被災者が多いにもかかわらず、むしろ復興の過程で電柱の数は増えてしまった。

東日本大震災以降は地震が注目されているが、それ以外の災害でも電柱は外部不経済※を起こしている。電柱は経験上、とりわけ台風や突風に弱い。二〇一五年の例では、五月から九月までの五カ月間で台風により倒壊した電柱は約五〇〇本、一日当たり平均三本が倒れている。停電はのべ約一一〇万戸、通信障害は五万回線に及ぶ。倒壊した電柱が道路を封鎖することも少なくない。また、電柱上部の変圧器は、大きいものが複数個あると五〇〇kgを超え、倒壊すれば歩行者や自動車に頭上から落ちてくるため、大変危険だ。

台風14号（2003年）で倒壊した電柱（宮古島市）
この台風で、宮古島市全体で800本倒壊した。

※「公害」のように、経済活動により外部に及ぼす不利益

※二〇一八年の台風二一号では、一日で倒壊電柱約一〇〇〇本、停電約二六一万戸に及んでいる。

(3) 景観・観光まちづくり

まちなみや景観への配慮

架空電線の種類や数が増えると上空の景観が路上からは見えにくくなる。東京近辺の「富士見」と名のつく場所でも、電線に遮られずに富士山が見渡せる場所はほとんどなくなった。それを外部不経済と呼ぶには主観性が強いという主張もあるが、これからは、美しいまちなみや景観に価値を見いだす時代になったといえる。

増え続ける外国人観光客

二〇一七年、日本を訪れた外国人観光客（インバウンド）は、二八六九万人。二〇〇三年の五二二万人の実に五・五倍になっている。政府は、この数字を更に二〇二〇年に四〇〇〇万人、二〇三〇年に六〇〇〇万人に伸ばすことを

富士山の景観を邪魔する電柱・電線
資料提供：（一社）無電柱化民間プロジェクト実行委員会

目標としている。

順調に増えている外国人観光客だが、彼らが日本に来て驚くのが、空を覆う電柱と電線の多さだ。我々日本人からすれば、道路に幾本も立つ電柱や目の前の空を覆う電線は、ごくありふれた普通の光景だが、ヨーロッパを中心とした諸外国の人たちにとっては、奇異な光景にうつる。彼らは珍しくて写真に収めるほどだ。

国内での景観・観光の見直し

日本では戦後、地域の伝統や景観の調和を軽視した住宅やビルなどの建築物が次々と建てられた。それは、良好な景観や環境を求めるよりも経済性が優先された結果である。建築基準法など法定範囲内であれば高層マンションや奇抜なデザインの建物・屋外広告物も見逃された。

こうした現状を危惧した政府は、都市、農山漁村等における良好な景観の形成を図ることを目的として、二〇〇五年に景観緑三法を施行した。しかしながら、電柱・電線類は景観計画区域内で届け出が必要な工作

奈良県橿原市今井町の街並み（重伝建地区）

物から除外されることが多く、法施行後も減ることなく増え続けた。

景観と密接に関係する観光だが、日本には京都や奈良を中心とした社寺や、重要伝統的建造物群保存地区（重伝建地区　二〇一七年十一月二八日現在一一七地区）が数多くあり[※]、この地区の集落や街並みが、国の指定によって保全・再生されている。

また、日本に古くから伝わる祭りで登場する山車や神輿に関しても、街を練り歩く際に、電線がひっかかり、乗り手が電線を棒でよけながら進まざるを得ない場合も生じている。祭礼はまちづくりの核となるものであり、その点でも無電柱化が望まれるのである。

電線をよけながら通行する山車（愛知県東海市）

街並みの保存や古くから行われている伝統行事は、街を活性化させ、インバウンドの増加にもつながる。無電柱化によって、本来の景観を取り戻し、魅力ある街が少しでも増えることを期待したい。

※保護されている地域でもそこから一歩出たエリア外になると電柱・電線が林立している場合が多い。

(4) 無電柱化がまちの価値を高める

無電柱化のメリット

無電柱化には様々なメリットがある。災害に強い街になることは、もちろんのこと、安全な通行空間の確保、街の景観向上や祭事・行事の活気が戻るなど。また、商店街や観光地での無電柱化によって、観光客が急増する例も数多くみられる。

例えば埼玉県の川越市では、「蔵のまち」を活かした街並み整備と同時に、無電柱化を進めたところ、年間の観光客が当初一五〇万人程度だったのが、街並みを守る市民団体ができてから四〇〇万人、その後、無電柱化を進めるにつれて六〇〇万人を超えるようになり、二〇一七年には、六六三万人にまで増えている。同様の事例では、三重県伊勢市のおはらい町でも、無電柱化前の一九九二年の三五万人から二〇一三年には、六六五万人に増加している。また、こうした街では住民が無電柱化に積極的に取り組むことで住民同士のつながりが強くなる傾向にある※。

埼玉県川越市の街並み（蔵のまち・重伝建地区）

無電柱化は不動産の価値を高める

大阪府の郊外にある電線類地中化された住宅地とそうでない住宅地を「不動産鑑定評価」、「新規団地開発を想定したデベロッパーの視点」、「統計分析」の三点から価格的アプローチにより査定したところ、※※それぞれの手法ごとに約四〜九パーセントのプラス効果が見出された。無電柱化された住宅地は街の景観を向上させるだけでなく、資産価値も確実に向上させることがわかった。

※『電柱のないまちづくり』（学芸出版社）に詳しい。

※※本調査は、二〇〇九年六月ＮＰＯ法人電線のない街づくり支援ネットワークが株式会社ジオリゾームと不動産鑑定士足立良夫事務所（大阪市中央区）の協力により調査したもの。詳細は『電柱のない街並みの経済効果』（住宅新報社）を参照いただきたい。

無電柱化された住宅地（コモンシティ星田・大阪府交野市）

2　「電柱大国・日本」はこうしてつくられた

(1)　無電柱化、世界都市比較にみる現実

日本に住んでいれば当然のように立っている電柱は、世界の主要都市、特にロンドン・パリでは存在しない。欧米では「電線は地中に埋めるもの」というのが常識である。

これは、アジアの主要都市でも同様で、シンガポールや香港、台湾の台北市ではほぼ電柱を見ることはない。

これらの諸都市と電柱大国日本との差は何だろうか。そこには、景観に対する意識が大いに関係している。

欧米の電柱に対する意識は、仮に設置するもの。立っていることによって住民が迷惑するもの、景観を損ねるノイズ的なものと考えられている。

一方、電柱を街なかに放置している日本は、残念ながら景観に

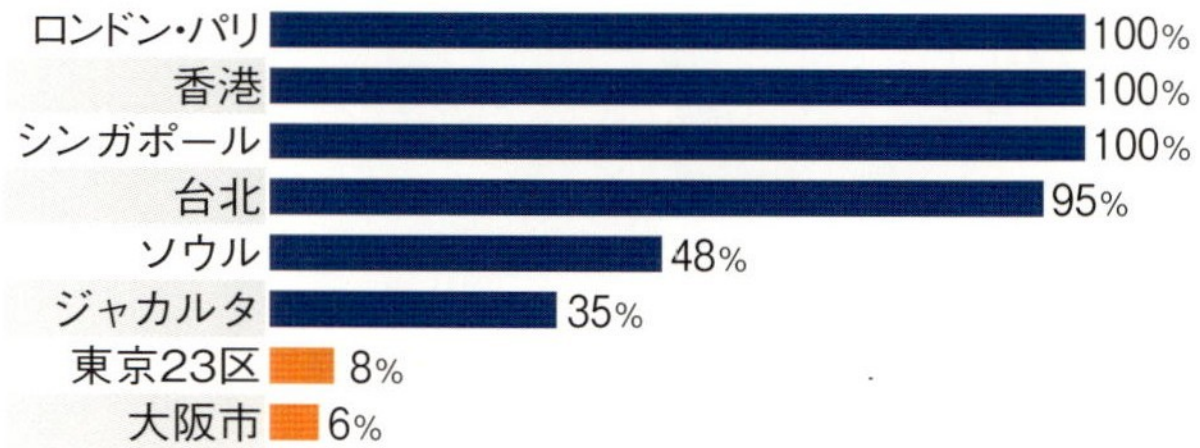

世界と日本の主要都市の無電柱化率（国土交通省資料による）

対する意識が低いと言わざるを得ない。海外から日本を訪れる観光客で、日本の風景に違和感をもつ人の多くが、この電柱・電線、そして看板、パチンコ店などの派手なネオンを理由に挙げている。このことを裏付ける話として、ドイツのフランクフルトのまちづくりが挙げられる。フランクフルトは第二次世界大戦で壊滅的な被害を受けた。その後、復興の過程において市民は、全く新しい街をつくるのではなく、元にあった古い街を再現することを選択した。そのため、今でもフランクフルトの旧市街は、戦争前の街並みが保たれている。

一方、アジアの主要都市でも、急速に無電柱化を進めている。その目的は、景観対策（観光）や災害対応が主であるが、電力や通信の安定供給や、都市計画に合わせて無電柱化も進める、といったものも挙げられる。今後もアジアの無電柱化は進むと思われる。日本はもたもたしていると、さらにアジアとの距離を開けられる懸念がある。

電柱のないドイツ・フランクフルトの街並み

(2) 日本で無電柱化がなぜ進まなかったのか

電柱大国日本の歴史

日本で電柱が多く立てられるようになったのは、戦後、焼け野原となった状況からいち早く復興するため、まず比較的低コストで電力を供給できる架空線で電気を引いたことが原因だ。その方針により一九四五年以降から五五年にかけて、一斉に架空電線が引かれた。その後、経済復興とともに、架空線が一時的なものという概念が薄れ、標準化し、電力・電話の需要増とともに、一気に増えていった。

電柱が林立している道路には、様々なステークホルダーが関連しており、無電柱化の工事をする際には、こうした機関との調整や、地域住民の同意も必要となってくる。

電柱の所有者は、電力・通信会社等。道路は、国・地方自治体等。また、監督官庁は、電気は経済産業省、通信は総務省、道路が国土交通省となっており、省庁をまたいでいる。さらに、道路の埋設物には、ガス、水道、下水、照明、信号線などがある。このことが無電柱化を推進する上で不可欠なコスト低減と工期短縮に、大きな影響を与えている。

電線が密集し、上空を覆う（鹿児島市）

初期の電線類地中化事業は、行政の指導もあって、電力会社や通信会社が「社会的責任」のもと自ら電線類地中化工事を行ってきた（単独地中化方式）。ただこの事業者負担の原則は、東京でいえば、渋谷駅や銀座などの電力需要・回線量の多い地区に限定され、それが既成事実となってしまった。それ以降は、行政主導の電線共同溝方式がメインとなり、諸外国の電線管理者主導の整備形態とは異なる進め方になってしまった。その結果、日本の無電柱化率は世界的に見ても最低の水準に留まっている。

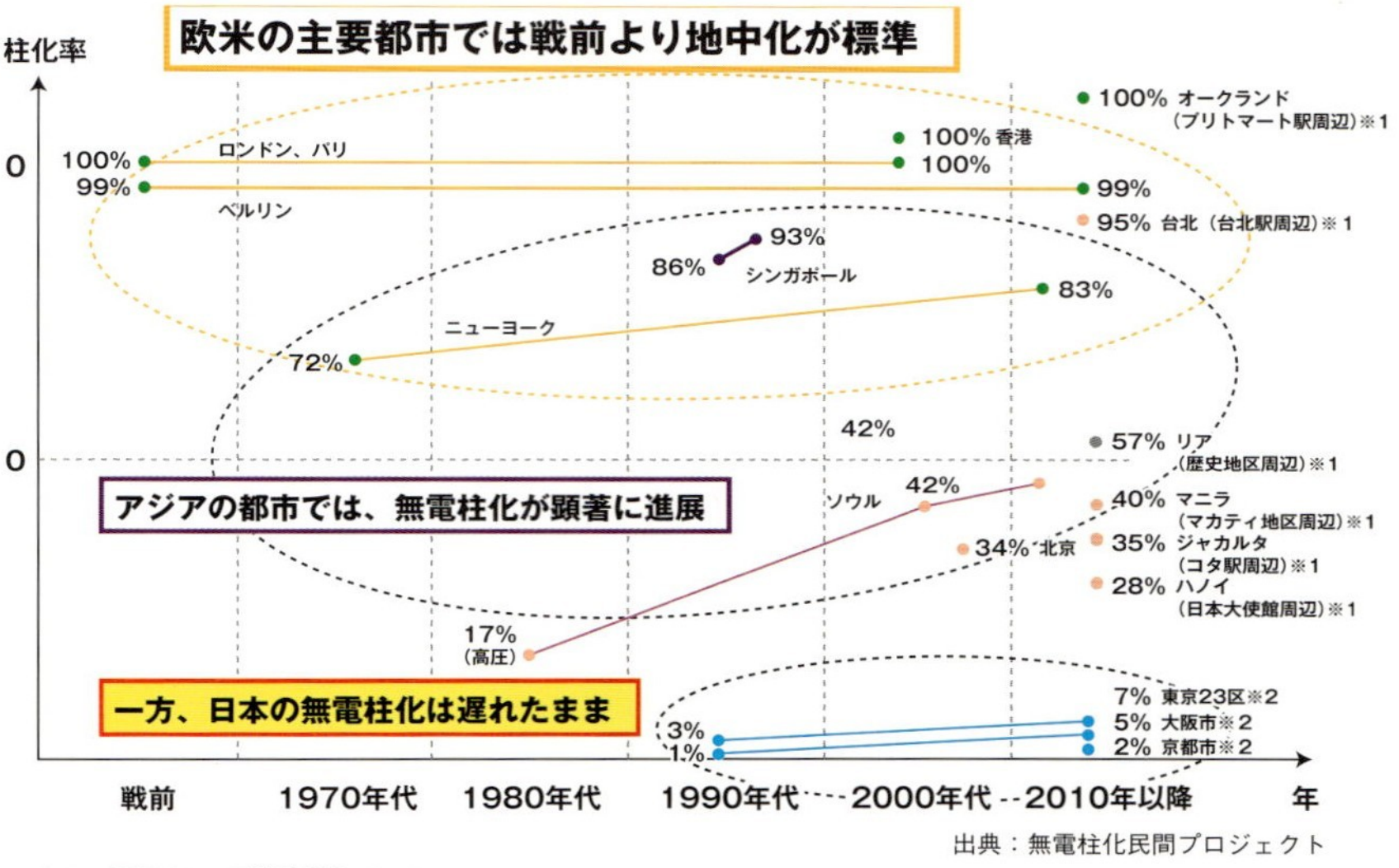

出典：無電柱化民間プロジェクト

※1：周辺1kmの道路延長ベース
※2：道路延長ベース（ケーブル延長ベースの無電柱化率：東京（23区）32%、大阪市29%、京都市14%）

主要都市での無電柱化率の推移

3　今はじまる無電柱化への大きな流れ

(1)　国の動き

国はこれまで「道路法」（一九五二年）や、「共同溝法」（一九六三年）、「電線共同溝法」（一九九五年）を施行し、道路上の電柱・電線に係る法整備を行ってきた。その後、二〇〇四年に国レベルで景観保全を行う「景観法」ができ、良好な景観の形成を促進するための法律が整った。その四年後の二〇〇八年には、「歴史まちづくり法」が成立し、歴史的な街並みの景観保全が強化された。また二〇一三年には「道路法」が改正され、防災上の優先度の高い緊急輸送道路において、電柱の新設が制限できるようになった。

そして、超党派の議員連盟の決議や国会内でのプロセスを経て、二〇一六年一二月一六日に「無電柱化の推進に関する法律（以下　無電柱化推進法）」が施行された。具体的な施策については巻末の資料に詳しいが、国や地方公共団体、関係事業者、そして国民に責務等を明記したことである。拘束力こそ大きくはないが（理念法）、無電柱化を強力に推進していく決意表明としての意味を持っている。

続いてその二年後の二〇一八年四月六日には、無電柱化の推進に関する施策の総合的、計画的かつ迅速な推進を図るため、「無電柱化推進計画」が策定された。この計画は、二〇一八年度から二〇二〇年度までの三年間に一四〇〇kmもの無電柱化を行う（着手）という計画である（図参照）。

これまでにも電線類地中化計画は策定されているが、その中で約四六七km／年という目標は第五期の計画に匹敵する数字である。この計画の中で一、基本的な施策や目標、二、無電柱化推進を計画的に講ずべき施策、三、その施策を総合的、計画的かつ迅速に推進するための必要な事項など、具体的な方針を示し、整備延長だけを示すのではなく、「増え続ける電柱を減少に転じさせる歴史の転換期」とする計画として示している。

この計画は、主な目標として四つ掲げている。一、防災、二、安全・円滑な交通確保、三、景観形成・

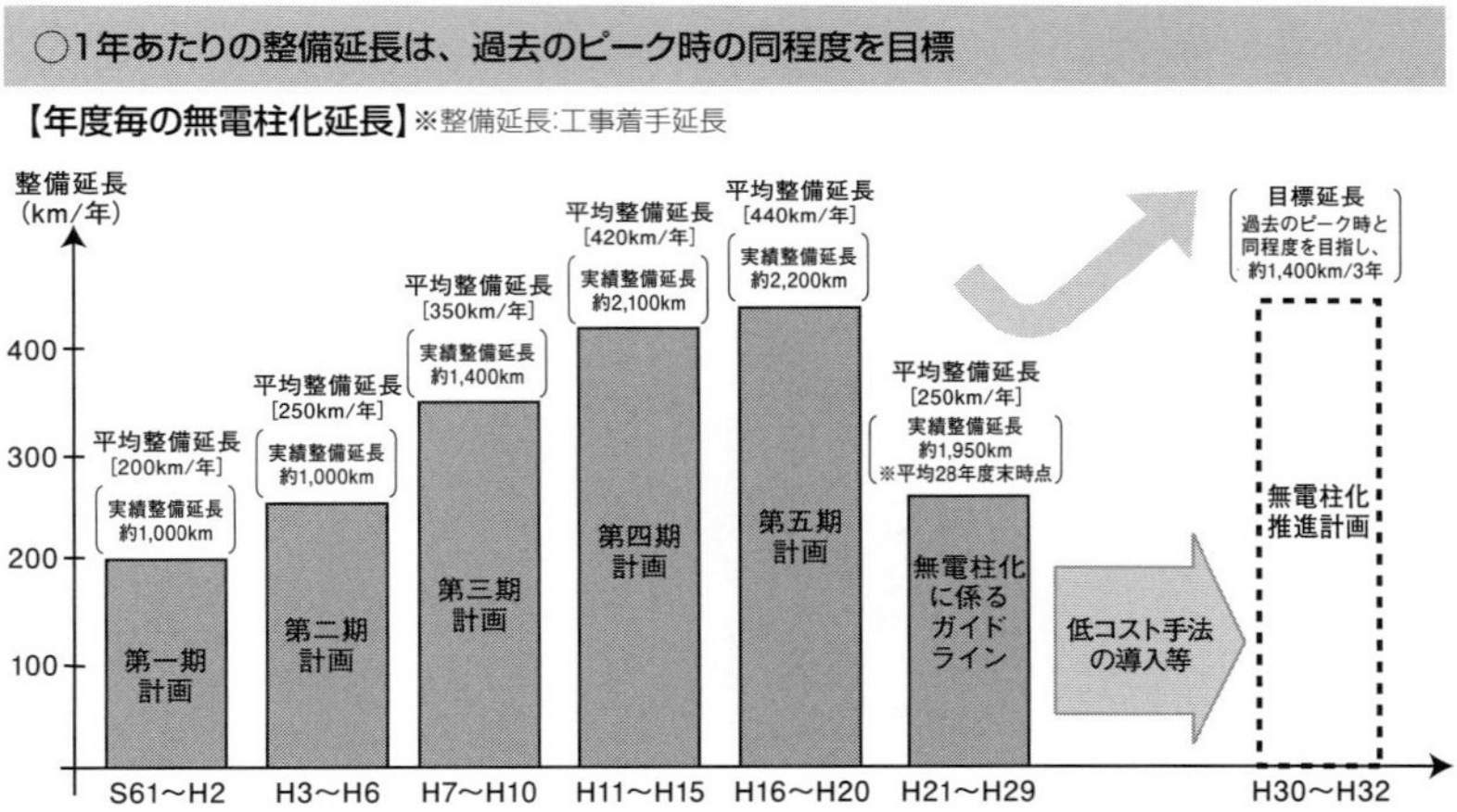

観光振興、四、オリンピック・パラリンピック関連を挙げている。いずれも具体的な数値まで目標を設定していて工事着手率を設定している。その中でも特にセンター・コア・エリア（東京都の中核）の幹線道路の無電柱化を平成三一年に完了するとしている。

(2) 地方の動き

地方自治体の無電柱化推進計画

無電柱化推進法には努力義務として、地方自治体は無電柱化を推進するための計画を策定・公表せよという項が記述されている。

これを受けて地方自治体も無電柱化条例や無電柱化推進計画・方針策定が検討されている。東京都や大阪府は二〇一八年の初めにすでに発表しているが、他の自治体も策定スケジュールをホームページで公開したり、無電柱化推進の方針を発表したりするなど、その動きは徐々に加速している。

国内初の無電柱化条例（茨城県つくば市）

茨城県つくば市は全国に先駆けて二〇一六年九月に「つくば市無電柱化条例」を制定した。この背景として、つくば市では、計画的にまちづくりが行われたため道路は無電柱化されているところが多いが、新規の住宅開発の際に開発地に電柱が建ってしまうという逆転現象が起こった。これを食い止めるために無電柱化区域（下図）を設定し、その中は無電柱化しなければならないというものだ。それに伴い、開発道路には街路灯の設置も義務付けている。
また、条例第四条では、「無電柱化に努める」とあり、次の二項に当てはまる場合は、無電柱化区域と同様に無電柱化に努めなければならないとしている。一、既設の電線類と新設の電線類との接続部分が既に地下に埋設されている場合。二、市街化区域において一ヘクタール以上の開発行為を行う場合（ただし、一、二ともに技術的な困難な場合や工事等により一時的に使用するときなどについては、この限りでない。）

この条例に違反または違反する恐れがある者に対し、勧告と氏名の公表が盛り込まれていることを特筆したい。

日本一の無電柱化率（兵庫県芦屋市）

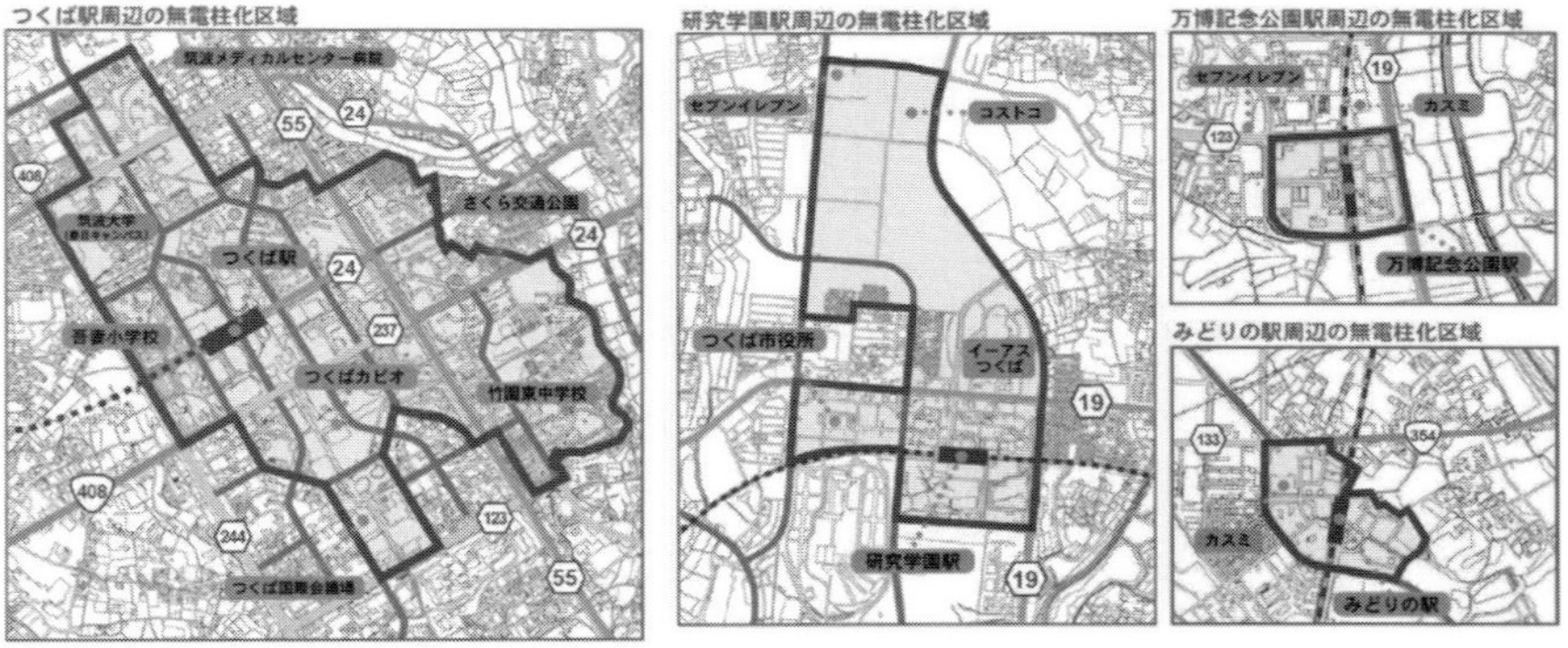

つくば市の無電柱化区域

兵庫県南東部に位置する芦屋市。一九九五年の阪神・淡路大震災での被害は甚大で多数の電柱が倒れ、道路をふさいだ経験から無電柱化に注力している。市道延長二〇九kmの無電柱化着手率は一四・六パーセントで日本一とされる。

「国際文化住宅都市」を標榜する同市では、良好な住環境の向上を目指し、市の方向性を明確にする「芦屋市無電柱化推進条例」を制定し、無電柱化を推進するための方針・計画を策定した。防災・景観・地域創生という三つの観点から日本初の無電線（柱）都市の実現に向けて山中健市長が先頭に立ち、進めている。

二〇一七年十一月一〇日の無電柱化の日に、計画を策定するための委員会（芦屋市無電柱化推進計画策定委員会）の第一回会合を開いた。委員会メンバーは道路管理者、関係事業者はもとより市民も参加して公開で行われている。二〇一八年六月には無電柱化条例と計画原案に対するパブリックコメントが募集され、九月に条例が成立し、市町村レベルではつくば市・長野県白馬村に続き、全国三例目となった。

芦屋市・道路をふさぐ道路と電柱（阪神・淡路大震災）

(3) 民間の動き

低コスト・多様化工法

ここまで国や地方の動きを見てきたが、無電柱化の最大の課題は高額なコストであるが、民間の技術で様々な解決方法が提案されている。

京都市先斗町通は幅員が一・六〜四・四mと狭く、従来の方法では無電柱化ができなかったが小型ボックス活用埋設でそれが可能になった。国も「道路の無電柱化低コスト手法導入の手引き（案）」を作成するなどその普及に努めている。また海外では一般的な直接埋設についても、二〇一七年度には実際の道路（京都市・東京都板橋区）での実証実験に着手するなど実用化への歩みが加速している。

管路の浅層埋設（実用化済）	小型ボックス活用埋設（実用化済）	直接埋設（国交省等において実証実験中）
現行より浅い位置に埋設	小型化したボックス内にケーブルを収納	ケーブルを地中に直接埋設

管路の事例（国内）	小型ボックスの事例	直接埋設の事例（京都）
・浅層埋設基準を緩和（平成28年4月施行） ・全国展開を図るための「道路の無電柱化コスト」手法導入化の手引き（案）」を作成（平成29年3月発出）	・モデル施工（平成28年度〜） ・電力ケーブルと通信ケーブルの離隔距離基準を改定（平成28年9月施行） ・全国展開を図るための「道路の無電柱化コスト」手法導入化の手引き（案）」を作成（平成29年3月発出）	・直接埋設方式導入に向けた課題のとりまとめ（平成27年12月） ・直接埋設用ケーブル調査、舗装への影響調査（平成28年度） ・実際の道路での実証実験に着手（平成29年度）

無電柱化低コスト手法の主な取り組み事例

民間ワーキンググループ

民間企業でも、新しい低コスト技術の開発に取り組んでいる。国土交通省道路局の直轄である道デザイン研究会の無電柱化推進部会から派生した民間ワーキンググループ（民間ＷＧ）では当法人の井上利一事務局長が主査に任命され、民間企業の低コスト技術を募集して国土交通省に提案している。「低コスト手法導入の手引き」の改訂版への掲載に向け、他のワーキンググループ（下図）とも連携して新たな低コスト無電柱化の形を模索している。

日本は現時点で無電柱化が立ち遅れている国ではあるが、こうした地道な努力によって、よい循環が生まれれば日本は無電柱化の先進的な技術をもつ国へと進化していけるかもしれない。そういう意味でも民間活用は重要である。

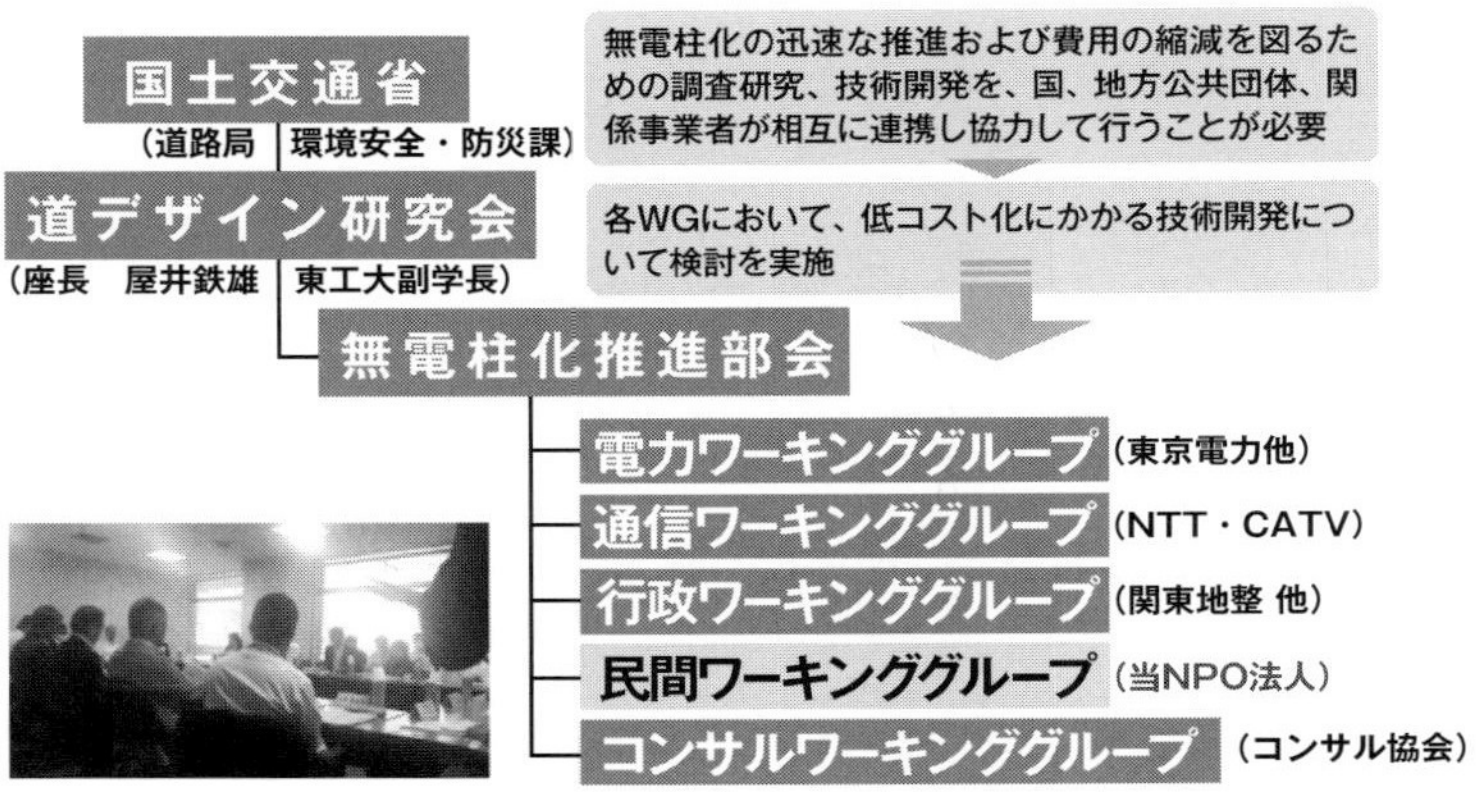

民間ワーキンググループの組織体制

Column 「無電柱化の推進に関する法律」が持つ意義を考察してみよう

❶ 外部不経済の認定

「無電柱化推進法」では、第一条の「目的」で「災害の防止、安全・円滑な交通の確保、良好な景観の形成」が掲げられた。無電柱化がそれらを目的とするということは、電柱が公共の空間において費用を負担することなくそれらを阻害してきた、すなわち「外部不経済」になっているということであり、それが法律において認定されたのである。占用料の算出式に外部不経済の項目がないことでも明らかなように、これまで道路行政において電柱は外部不経済とみなされてこなかった。それが法文において認定されたことの意義は大きい。

ここで電力各社は利益をどのように配分しているのかを一瞥しておこう。時事ドットコムが各社の有価証券報告書(有報)から行った二〇一七年三月調査報道では、二〇一一年の東京電力福島第一原発事故の後、電気料金を値上げし

電力5社の値上げと配当の推移

		2013年度	2014年度	2015年度	2016年度
北海道電力	電気料金値上げ 株主配当総額	9月 0円	11月 0円	47億円	未定
東北電力	電気料金値上げ 株主配当総額	9月 25億円	75億円	125億円	期末配当予定 75億円（中間配当）
中部電力	電気料金値上げ 株主配当総額	0円	5月 76億円	189億円	期末配当予定 114億円(中間配当)
四国電力	電気料金値上げ 株主配当総額	9月 0円	42億円	42億円	期末配当予定
九州電力	電気料金値上げ 株主配当総額	5月 0円	0円	95億円	期末配当予定

(注) 2016年度は第3四半期まで。1000万円以下を四捨五入
時事ドットコムの資料を元に作成

た電力会社七社（東京、関西、九州、北海道、東北、四国、中部）のうち、東電と関電を除く五社が株式の配当を再開し、総額は九〇〇億円余りに上った。中部電は二〇一四年五月に値上げ、二〇一六年末までの間に計約三七九億円を配当、次に多かったのは二〇一三年九月に値上げした東北電で計約二九九億円を株主に還元している。

これを無電柱化の観点から言い換えよう。電柱は道路利用者や地域住民に外部不経済をもたらしている。したがって事業者は外部不経済の除去もしくは損害賠償に資金を当てるべきであるが、それを株主への配当に回してしまっている。それも外部不経済が公的に認定されなかった時期には不当ではなかったと言うこともできるが、二〇一六年末に無電柱化推進法が成立し防災・景観・安全性の観点で電柱が外部不経済の原因となっていると認められたからには、道路利用者・地域住民もステークホルダーとなっているはずであろう。電力会社はこれまで利益の配分については株主への配当と電力利用者への還元（電力料金値下げ）だけを選択肢としてきたが、道路利用者・地域住民への還元（無電柱化の推進）という使い道も考慮せざるをえなくなったのである。

❷ 事業者の「責務」――「環境に対する権限」の移動

外部不経済が認定されるとともに生じる、事業者と道路利用者の位置づけの逆転もある。推進法第五条は、こう述べる。「道路上の電柱又は電線の設置及び管理を行う事業者（以下「関係事業者」という。）は、第二条の基本理念にのっとり、電柱又は電線の道路上における設置の抑制及び道路上の電柱又は電線の撤去を行い、並びに国及び地方公共団体と連携して無電柱化の推進に資する技術の開発を行う責務を有する」。ここでは設置の抑制や電柱・電線の撤去、技術開発を行う「責務を有する」主体が「事業者」と明記されている。この文章の含意するのは、無電柱化の推進主体は既存の電線共同溝方式のように国と地方の行政ではなく、事業者であるべきということである。これは電線共同溝方式では無電柱化の推進が行き詰まったという現状認識にもとづく宣言ではあるが、電柱が外部不経済をもたらすという理解と合わせるとさらに強い意味を持つ。電柱が外部不経済を生むのだからこそ撤去は事業者が主体的に行うべきで、国や自治体は支援する立場に回ると述べているのである。※

※外部不経済に関して重要な研究を行ったR・コースは、外部不経済を出す事業者が同時に世の中で需要される商品を生産しているとしたとき、どれだけの水準で生産活動をし、どれだけの保障を行うべきかを考察した。ここでコースが重視したのが生産者と被害者の間の交渉および取引費用の有無であったが、もう一つの論点である「環境に対する権限」が外部不経済を出す事業者と地域住民のいずれに属するのかについても注目しておきたい。

たとえば騒音を出す工場があるとしよう。この工場は騒音を出しつつ、社会から有益と評価される製品を製造している。創業当初、周囲に誰も暮らしていなかったのならば、騒音を出す権限が工場側にあって不思議ではない。ところが周辺に住宅が増えてくると、住民は静かに暮らす権利を主張するようになる。ここで重要なのが、当該社会でいずれの権限が優先され、それを法が裏付けるかである。住宅が建ち始めても、一定の期間は騒音を出す権限が工場には認められるだろう。けれども住民にも居住し続けたという実績が生まれると、静かに暮らす権限が公認される時が来る。すなわち、いずれかの時点で「環境に対する権限」が再配分されると考えられる。

一般に発展途上国では「生産優先による所得の向上」が目指される。戦後日本で言えば高度経済成長期における「所得倍増」である。ところが経済発展して先進国の仲間入りを果たすと、国民は環境の劣化にも目を向けるようになる。これが暮らしのアメニティを求める段階である。昨今の諸外国における無電柱化の推移を見れば、先進国となったと自認した時点で無電柱化を開始するのであるから、暮らしのアメニティに関心が生まれたということであろう。日本はたまたま電線の被覆技術を持ち合わせたためにそうした趨勢を共有しなかったのだが、無電柱化推進法、なかでも第五条にはこの「環境への権限」の移動が盛り込まれたと解釈できる。日本も先進国であるとようやく自認したということである。以前は暮らしのアメニティが看過されていたため事業者の占用料支払いにおいて外部不経済は見過ごされてきたが、転じて事業者が電柱・電線の設置の抑制や撤去、技術開発を行う責務を有することになったのである。

タイ・バンコク市内の電線

もちろんそれは、これまで電力事業者が唱えてきた「安定供給」と「早期の復旧」、通信事業者が目指してきた「接続の確実性」と「ブロードバンド化という質の高さ」を否定するものではない。それらは大いに評価するものの、先進国においては暮らしのアメニティも無視できなくなり、外部不経済の抑制が特筆されたのである。

❸ 技術革新

電線共同溝方式の導入以降、低コスト化やコンパクト化等、無電柱化に資する技術革新は停滞した。それは無電柱化を主導する主体が道路管理者であったからに他ならない。その体制を維持する限り、いくら技術革新を要望してもかけ声だけに終わるだろう。従って、第十三条の技術革新に対する要望は、事業者が無電柱化を主導するという❷と組み合わせることで実効性を持つ。事業者が無電柱化の主体となれば、費用削減のために技術革新によって低コスト化をみずから進める動機が生まれるし、他社の技術を導入する可能性も開かれるだろう。それが実現すればこれまでの「距離当たりの地中化コスト」の数字も大きく変わることが期待される。

❹ 無電柱化推進計画

外部不経済に対処するための「ピグー税※」の考え方からすれば、占用料を引き上げることで事業者が自発的に無電柱化を主導するように仕向けるという政策がありうる。しかしそれは百倍に近い水準で全国一律に課すとなると実現には抵抗が予想され、大震災の到来予想からすれば即効性に欠けるところがある。そこで緊急性の高い道路や地域、特定の電柱から順に無電柱化を進めることが現実の課題となり、第七条・八条では国と地方自治体が無電柱化推進計画を立てることを要請している。計画においては進捗目標が具体的に数字で掲げられることになるが、「必要な道路」を行政が指定するという第十一条および電柱を「新設しない・撤去する」という十二条は、道路管理者にそのための手段として占用の禁止ないし制限の権限を与えるものである。道路法三七条と併せ、各自治体は地域の実情を踏まえながら事業者が無電柱化を推進する方向を指導していくことになる。その際、国と自治体、地元住民が意見交換をしつつ「何が必要か」を決めていくことになろう。当面は緊急輸送路以外にも「交通がふくそうする道路」「幅員が著しく狭い道路」「歩道で邪魔になる電柱」といった要因の追加が予定されているが、大震災が迫る地域では推進計画にさらに条件が加えられるだろう。

狭隘道路の典型的な事例

※ピグー税　経済活動が社会に悪影響を及ぼす場合、それを是正するために企業などに課す税。

※「無電柱化推進法の意味するもの―相関社会科学の視点から―」『国際社会科学』東京大学大学院総合文化研究科国際社会科学専攻紀要第六七号、二〇一七の主要部分を抜粋。

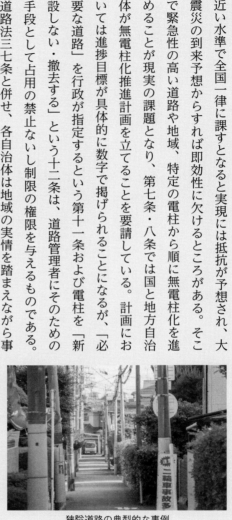

4　無電柱化のハードルを越える

(1)　第一の課題は「意識改革」

私たちは、みんな生まれてからずっと、朝から晩まで電柱・電線類のある風景の中で暮らしてきた。それも親や先代に遡って、電話の開通、電力供給が始まって以来約一五〇年の歴史を持っている。その生活史を通じて植えつけられた観念や意識、諦めは根深いようだ。そう考えると、無電柱化への関心が薄いのも無理のないことかもしれない。だからこそ、住民、企業、政治、行政のあらゆるところで強く根づいた意識の転換が、第一の課題であろう。

無意識、誤解の現実

「なぜ電柱があったら困るの」とか「今さらそこまでしなくても」といった見方が多数派を占めているようで、そもそも無関心なまま、「親しみのある風景で気にならない」という声はいたるところで聞かれる。ひどいのは「地震国・日本に地中化は向いていない」と、議会の場で発言する政治家が未だに横行していることだ。とんでもない誤解である。

　地震・台風・津波など災害大国だからこそ、地中化が急務である。阪神・淡路や東北での震災体験を通じて、地中化の方が災害に数十倍は強いことだけでなく、電柱倒壊の多大な災害拡大、台風のたびに何日もの停電で、日常生活から情報社会に到るまで混乱を引き起こしている現実が繰り返されていることが、十分に知らされていないのだろう。電柱があることによる交通事故は、他のケースより死亡率が十倍高いという危険性も明らかになっている。

災害	年月	名称	電柱の倒壊状況
地震	1995年1月	阪神・淡路大震災（兵庫県南部地震）	電力：約4,500基　※1 通信：約3,600基　※2 ※1「地震に強い電気設備のために」（資源エネルギー庁編） ※2 NTT調べ
台風	2003年9月	台風14号	宮古島市全体　電柱800本　※ →倒壊した電柱により、通行不能箇所が多数発生。※沖縄電力調べ
津波	2011年3月	東日本大震災（東北地方太平洋沖地震）	電力：約28,000基　※1 通信：約28,000基　※2 （供給支障に至ったもののみ） 断線した電線が発災直後の道路の啓開作業を阻害。 ※1 経済産業省HP　※2 NTT調べ
竜巻	2013年9月	－	埼玉県越谷市　46本　※1 千葉県野田市　5本　※2 ※1越谷市ホームページ　※2内閣府ホームページ

意識改革はできる

　知らない人、誤解している人が悪いのでなく、長く知らされてこなかったことに問題があるのだ。世界の現実と日本の違いを一目見るだけで、一瞬に見方を変える人も多い。そして災害や交通危険、街の価値低下といった事実を、早く、広く伝えることが第一歩となる。

　私たちの国が世界から取り残された「電柱大国」であること、それが見た目の景観だけではなく、災害、交通安全を含めて大きな問題を積み残し、今日に到っているという現実を、まずは誰もが直視することを抜きに前に進めないだろう。

日本の極端な無電柱化後進性の歴史とその放置が、現代人として恥ずべきことであるとの情報発信、意識転換を教育の場はもとより、地域・企業・行政・政治などの場でまずは話題とし、勉強の場をもちつつ体系的な理論・実証として行っていくプログラムの確立が望まれる。※

※大学での講義に組み込みつつ、講義前後に学生たちにアンケートをすると、事前には半数が電柱許容であったのが、わずか一時間後には約九割が無電柱化に意識が変わるという経験をしている。小学生たちに同じ試みをしても、同じ結果が得られている（五四頁参照）。

2017年11月に行われた小学生向け出前授業の様子

(2)　まちがいない手順

「無電柱化」に取り組むにあたって、従来は極めて限られた幹線道路を中心に、国の制度による「五カ年計画」「電線共同溝方式」を前提に進められることが多く、ごく身近な細街路や生活道路、歴史的まちなみ、商店街など市町村や民間事業者、地域が独自に進める場合の手順には事例や経験が少なく、分かりにくくなっている。これからは、むしろそのようなケースが主流になると考えられる。

そこでスタートする際に大切なことは、「何から始めるか」「どのように進めるか」について、「動き出せない」、「後で問題が起こる」ということのないようにすることである。

何から始めるか

世の中に、普通には「無電柱化の相談窓口」「無電柱化のプロ集団」というのが見当たらない。そこで多くの場合、一番手近そうな電力事業者へ相談することになる。事業者は国の制度に則った「指定路線」であれば、当然そのことを熟知しており、事業者の立ち位置や財源もはっきりしているので問題はない。しかしそうではないケースだと大抵は「手法や主体、計画が決まらないうちは、まだ出番ではない」としか答えようがないことが多い。相談する方は「そのことこそ知りたい」との思いがあり、すれ違いが起こることになる。多くの不幸なパターンは、そこで戸惑い、無電柱化を諦めるか、先送りにすること。そんなケースに何度も出会い、コーディネート役を買って出たことも少なくない。

スタートが何より肝心なのである。まずは、次のようなことを自問自答し、経験豊かな専門家のアドバイスを得ながらスタートを切ることをお勧めしたい。

①まず「無電柱化」とはどんな事業か、その目的、内容の全体像を知る。

②一言で「無電柱化」と言っても、様々な方法があり、そのことを知り、取り組む場所や予算に合った方法を選ぶという発想に立って検討する。
③「無電柱化」を進める上では、様々な人や組織が関係する。そんな人たちや組織に、いつ、どのようにアプローチするのかについて適確に知っておくこと。

どのように進めるか

スタートを上手に円滑に切れても、そこで安心することなく、先は長く、様々なことが待ち受けていると心得たい。それらを予知し、大きな流れと各段階で何を、どのようにクリアしていくかの手はずを整えること。そのことにより、組織として、また担当する個人としても安心と自信をもって進めることができるはずである。それが曖昧だと、周りも心配が募り、不信を招いたり、結局中断したり、無駄な年月をかけることになりかねない。

そこでの大きな押さえたいポイントは次の三点だろう。
①建物のように、場所と目的がはっきりしたら設計に入れば良いというのとは違い、「前段の手順」が必要となり、不可欠の調査や相手先の多い協議がある。
②手順が不適切なために余計な支出が発生したり、関係機関や地元の反発を受ける等といったケースが少なくないので、スタートから完成までのプログラムづくりがお勧め。
(一般的な流れは三六頁参照)

③ケースにより変わることもあるが、押さえるべきポイントはそれほど変わりない。調査・設計から工事までの間、全体の工程とタイミングについて、経験者のアドバイスを求めながら進めるのも一つの良い方法。

このような事柄について、文献や身近な相談できる人からノウハウを得られることもあるが、実際にはそれが難しいことが多い。電力・通信事業者は、もちろん詳しいはずだが、前述したように組織としてはスタート時点ではなく、「出番」がはっきりした時点から共に考え、アドバイスが得られるところと捉えた方が間違いがない。

そこで類似事例を探し、自治体や関係者に実体験や進め方のレクチャー、さらには改善への助言を求めることや、第三者的な立場である経験豊かな専門家にコーディネーター役を依頼したり、勉強会に招くといった方法をとることで、おそらく遠回りしたり、挫折の心配をせずに済むはずだ。※

※特に無電柱化事業が他の地下埋設事業と違うのは、関係する機関が多く、それも段階により変わっていくことである。自治体はもとより、道路管理者、施行主体、電力・通信事業者、警察、そして地元（自治会・商店街などの組織と個人）、さらにはコンサルタント、調査・設計者、施工者と、極めて多岐、他分野に及ぶのである。それぞれの役割とタイミングの良い、必要な調整・協議の場づくりといったことに目配りしながらの手順が求められる。

滋賀県大津市での住民勉強会の様子

無電柱化の進め方（一般的な流れ）

1．企画・事業化準備

・事業を進める上での基本的な枠組みを検討する。
（主な目的、区間、実施時期、事業手法・主体、財源・予算等）
・事前に経験豊かな専門家のアドバイスを得て、地域の事情に合った手法、進め方を固める。
・無電柱化と合わせて行うまちづくり（道路美装化・沿道景観づくり等）を検討する。

↓

2-1．地元の合意形成（1）

・事業シミュレーション画像など地元向け資料をつくる。
・勉強会（数回）で、地中化についての疑問の払拭と理解を十分に行きわたらせる。
・沿道と関係する地域で地中化を進める合意をする。

↔

2-2．関係機関調整（1）

・自治体・道路管理者、電力・通信事業者、警察等による協議の場を設ける。
・事業手法・主体、財源等を確認する。
・電力・通信事業者の参画意志の方法・確認

↓

3．調査・基本設計・手続き

・道路、電柱・電線類の現状の調査や試掘、沿道使用電力・地下埋設物の調査
・基本的な工法、技術方式（電線共同溝方式、浅埋方式、小型ボックス採用、直埋方式等）の検討、確定
・無電柱化後の道路空間・景観整備計画
・概略設計・積算、道路管理者・関連事業者等の手続

↓

4-1．地元の合意形成（2）

・沿道の自動車利用との調整
・地上機器類等の位置調整
・工程、工事期間中対策等の了解
・管路立ち上げ、引き込み位置の承諾

↔

4-2．実施設計・関係機関調整(2)

・配管、配線、特殊部・桝等の地下部
・地上機器類、連系管路、道路照明・街灯・信号等の地上部
・沿道施設引込み管位置・方式

↓

5．工　事

・必要に応じ、地下埋設物（ガス、水道等）の整理・移設をする。
・地中化本体（特殊部・管路など）を施工する。
・各建物への引込み管工事の後、ケーブル（電力・通信・放送・信号線）の入線をする。
・舗装の復旧や必要な植栽など美装化工事等で仕上げる。
・すべての区間で地中化による供給が可能になったら電柱・電線を撤去する。

Column 一本でも無電柱化

関西在住の私は今年（二〇一八年）、複数の大きな自然災害を間近で経験した。大阪北部地震、滋賀県での竜巻、西日本豪雨、そして九月に発生した台風二一号だ。いずれも、停電や電柱倒壊を伴うものだ。改めて、ライフラインとしてのインフラが地上に露出していることの外部不経済を痛感した。これらが、無電柱化されていれば、こうした被害は減らせたに違いない。

ところで、皆さんは、自宅の前や、景勝地、狭隘道路などで「この一本の電柱が無ければ…」と思われたことは少なからずあるのではないだろうか？私もその一人だ。しかし、なぜか、「それは（無くすのは）無理だろう」と思われたか、そんなことができるのか、と疑問にすら思われたことが無かったのではないだろうか。とくに、我々のような専門家は、電線管理者に相談した際のできない理由を先に考えてしまい、行動に移していなかったのが現状だ。

筆者の会社にホームページを通じて、これまで年間二〜三件のこうした相談があった。一本の電柱を無電柱化することは理論的には可能だ。ただ、現地の状況や、想定するコストを伝えると、断念されることがほとんどだった。一本の電柱を埋めるのに数百万円〜一千万円もかかるのであれば、当然だろう。そこにはコストに見合う価値が存在しなかった、または、見い出せなかったからだ。

昨年、知人を通じて、デベロッパーから相談があった。東京都港区の住宅の建て替えにあたって、目の前の電柱を無電柱化してほしいという依頼だ。電線管理者に相談したが、難しいとのことで、我々のところに依頼が来た。建て替える住宅の資産価値の向上を目的にしており、予算もある程度確保しているとのことだった。これは、一本でも無電柱化を実現する好機と取り組んだ。まずは整備方式の検討だ。無電柱化には、電線共同溝方式（管路・特殊部を自治体に移管）、単独地中化方式（管路・特殊部は電線管理者の所有）などがあり、事業主の視点に立てば、コストを抑えられる前者の方式が望ましい。それには、行政に応じてもらわなければならない。港区に交渉するも、移管に応じるだけの公共性がない。つまり、一本だけの無電柱化は、道路の部分的な地中化のため不可とのこと。あとは、単独地中化であるが、これは電力会社、通信各社が別々に自社の管路を構築するというもので、当然ながら費用が嵩む。しかも整備期間も長くなってしまう。開発事業において、時間がかかるのは、その事業の成否に関わってくるので、避けたい。そこで、事業主が電線管理者の管路を構築して、それを

施工前の電柱のある住宅

各電線管理者に無償譲渡するということを考えた。これは、新規住宅開発地での無電柱化では、ごく一般的な方法である。構築したものを行政に移管することも可能だ。これには「道路占用」という壁が立ちはだかった。港区の内規で、管路の道路占用は電線管理者に限る、というのだ。いろいろな手段を使って、民間事業者が一時的にでも占用できないか試みたが、内規を変えることはできなかった。民間事業者が管路を構築して、仮占用という形にして、電線管理者に譲渡するまでの期間（一週間程度）だけ占用すればいいのだ。しかし、そもそも電線管理者以外が占用申請することができない。道路と開発地の未道路（まだ道路ではない）との違いなのだ。

なぜ、事業主が管路を構築する方がいいのか?それは、コストを抑えることができるからだ。因みに本工事費は、全額事業主負担になる。電線管理者に依頼する単独地中化の見積は、事業主施工の約二倍だ。これは、工事に関わる企業の数の違いであろう。電線管理者は、強固な協力企業体制が構築されていて、実際に工事をするのは、孫請けや、ひ孫請けのこともある。そ

施工後の電柱が無くなった住宅

れぞれの会社が経費をとれば、見積は当然ながら高くなる。これが、これまでの建設業界の体制であり、それそのものは、安全面・品質面などメリットは多いし、産業としてシステマチックに構築されている。その恩恵も多いだろう。しかし、一本でも無電柱化は、大きな橋や道路を作るといった、大掛かりな工事ではなく、たかだか数十メートルの土木工事だ。そこにまで、こうした、強固なシステムを当てはめる必要があるのだろうか?

日本の電柱は三千六百万本、この電柱は毎年七万本も増え続けている。国の無電柱化推進計画をもってしても、これを減少に向けるのは相当骨が折れる。電柱が増えている原因の一つに新規住宅開発地での建柱がある。これを規制するとともに、既成市街地の電柱を一本からでも、引っこ抜いていかなくては、電柱は減らない。そして、そのためのハードルは極力下げるべきだ。電柱を減らすためのあらゆる障害を取り除くことが重要だ。これまでの、占用に対する常識を改める必要もあるだろう。昨今の異常気象による自然災害、地震は、これまで起きなかった地域で発生しており、もはや日本に安全な場所は無いと言ってもいいだろう。だからこそ、自宅の近くにある電柱や電線を無電柱化する機会があれば、それを全面的に応援するのが行政や電線管理者の使命ではないだろうか。

2018年の台風21号で倒壊した電柱（大阪府堺市）

(3) 低コスト化の実現

さて、無電柱化に取り組もうとして出現するハードルも少なくない。その中で最も大きいのは、コストをめぐる困難さである。それが、これまでの度重なる無電柱化に関する施策や発意、取り組みにブレーキをかけてきた元凶でもある。いざ無電柱化を考えようとした途端に、一㎞当たり五～六億円の費用がかかるという現実に直面する。しかもその費用負担は、ほとんどがメインストリートや大きな幹線道路において、国の限られた予算枠の中で都道府県が立てる五カ年計画の「電線共同溝路線」として指定されない限り、自治体または要請者、即ち商店街や団地、観光地など地域が全面的に負うことになる。それに耐えられる主体がそう簡単には見いだせない。

すでに実現を済ませている欧米やアジアのソウル、北京、マニラなど多くの無電柱化「先進都市」でも、そのような高額の負担を「弱い要請者」が強いられながら達成してきたのであろうか。そこに大きな疑問を抱かざるを得ない。

「日本特有」の財源問題と共に、コスト高があり、その要因として、技術の停滞、技術力・技術者の未発達が見られることが明らかになってきた。結果として、技術大国日本で低コスト化はそれほど打開できないことではなく、今までそのための努力を怠ってきたのである。

その点でも「先進都市」から学ぶことが多くありそうだ。日本のような重厚装備、ハイスペックの地中化手法とそれに伴うコスト高の例は少ない。一方日本では、地中化技術が電線事業者に依存したまま、開かれた技術の研究開発、多様な地中化手法の可能性の追求が遅れてきたのである。しかし最近になってめざましい進展が期待できる動きが、国レベル、地域・企業レベルで見られる。

低コスト化はもう始まっている

低コスト化への試みは少しずつ歩みだしている。民間企業、技術者が国の考え方を踏まえて、具体的な低コストへの方向性を模索しつつある。ここでは四つの方法を見てみたい。

第一に従来の「電線共同溝」を大幅に小型化する小型ボックスは、すでに新潟県見附市で実施済み、京都市先斗町で実施中、愛知県東海市で計画中だ。

第二には浅層埋設である。従来は土被り八〇cmの深さに管路を埋設していたものを、三五cm弱で良いとする新しい基準（国土交通省二〇一六年四月施行）が提示されている。そのことにより、深く埋める工事そのものの省力化

無電柱化現地視察会（新潟県見附市2017年6月）

以上に、他の電気、ガス、水道、下水道など地下埋設物との調整・移設が無くなることで、コスト削減が可能となる。

第三には、ケーブルを直接埋設する方法の採用である。ロンドン、パリ、ベルリン、ニューヨークなど多くの都市でも古くから取り入れられているが、日本での実現にはケーブル品質の強化・メンテナン

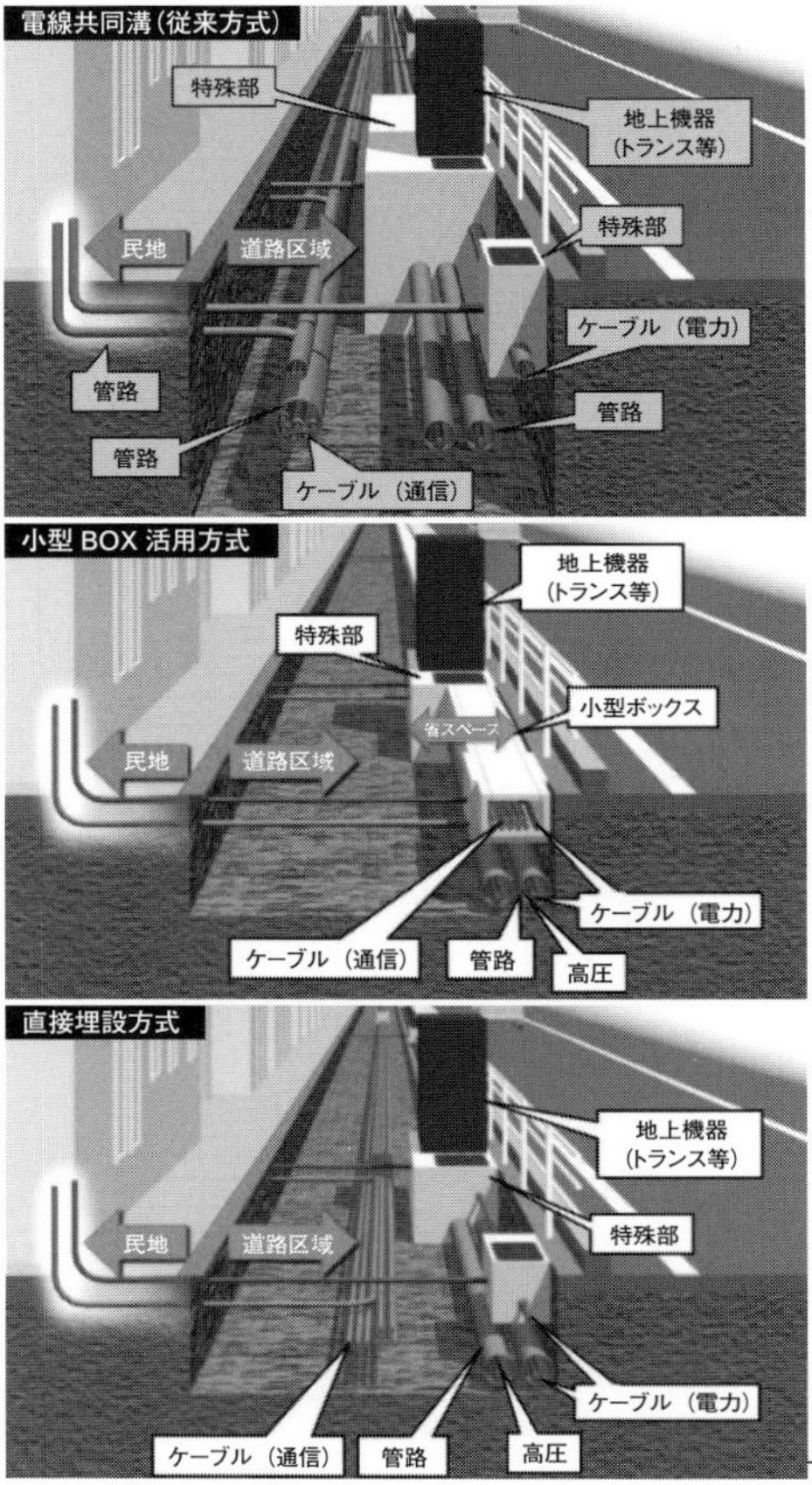

無電柱化の浅層化・小型化

地中深くに管路を設置し、巨大な特殊部によりコストが高くついたが、小型化したボックス内にケーブルを収納し、埋設も浅くする。さらにケーブルを直接埋設する方法も実用化に向けて、実証実験中。国土交通省資料より

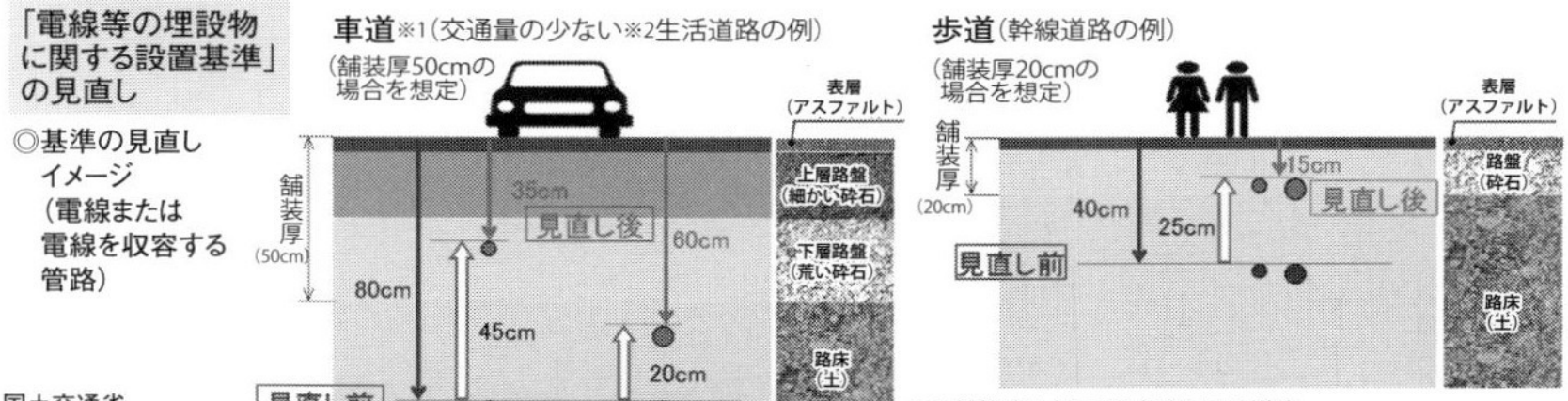

国土交通省作成資料

※1：舗装計画交通量N_4相当以下の道路
※2：大型車の交通量が250台／日・方向未満

ス対策をはじめ、沿道への引込みなど課題は残されており、条件の整ったところ以外での実用化はまだ見られない。しかしその実現だけでコストが半減され、効果は極めて大きく、技術開発や社会実験が進みつつある。

第四には地上構造物、主にはトランスの小型化、省略化である。すでに小型化は関西電力をはじめ各地で試みが進んでいる。究極の目標は、地上機器の削減や消滅、即ち地下化であろう。技術およびメンテナンスなどでの問題は多く残るが、いずれ「無限の小型化」の次のステージとしての期待は高まっている。この地上機器の「軽量化」は、低コスト化と共に、道路利用上の自由、安全・快適性向上、さらには住民の合意形成への道を拓く上で重要な方策である。

いずれにしても、多様な技術開発の道は広がりつつあり、大幅な低コスト化は時間の問題である。これからは、官民あげての研究開発への力点の置き方にかかっている。

Column

電線類地中化から無電柱化、その先へ

一九八六年は、株価の高騰などその後のバブル経済へと向かう端緒の年といえる。日本中が浮足立っていたのかもしれない。この年に第一期電線類地中化計画がスタートする。その計画概要書には電線類地中化の理念が謳われている。「一、電線類地中化の理念：電線類の地中化

は安全で快適な通行空間の確保、都市災害の防止、都市景観の向上等の観点から有意義であるが、一方建設費用、需要変動への即応性、事故時の早期復旧等の面で留意すべき点もあることに鑑み、電気及び電気通信事業等の健全な発展の観点からも合理的な範囲において着実に推進するものとする。」とある。かなり電線管理者に配慮した内容となっている。ここから、無電柱化の高規格・高コストが誕生したと見て取れる。この前年に調査された電柱の数は三〇一七万本であった。現在までに実に五八三万本の電柱が増えたことになる。第一期計画では二〇〇km／年を整備、一九九一年から始まる第二期計画では一〇〇〇kmの計画を一年前倒しの四年で達成している。その後、第三期三五〇km／年、第四期四二〇km／年と目標を上げていき、ピークの第五期では四四〇km／年を整備している。これには、一九九一年にはじけたバブ

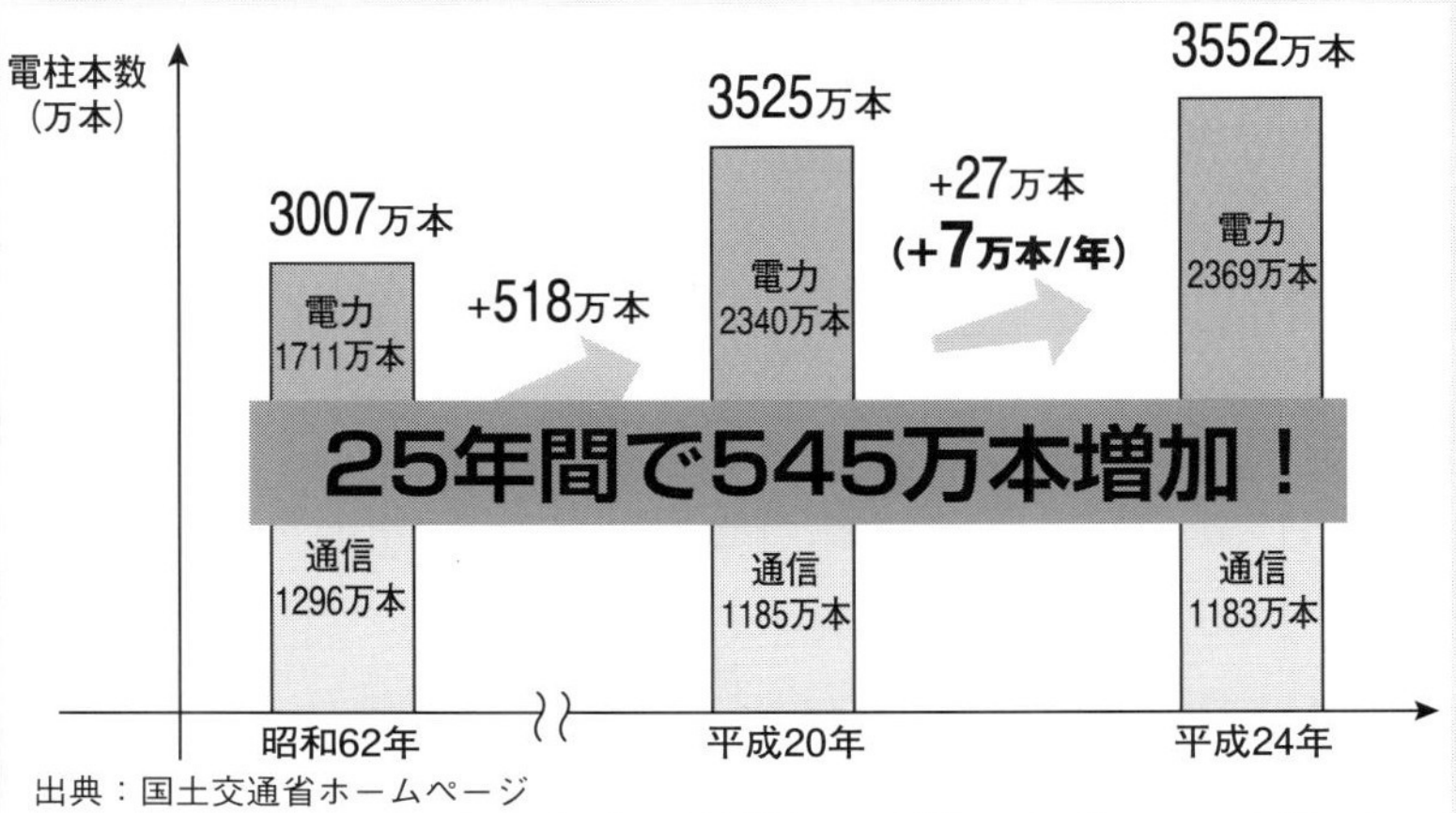

日本の電柱本数の推移

ル対策のための公共投資への国費の投入という事情も絡んでいると思われる。その後、無電柱化は厳冬期を迎え二〇〇九年から二〇一七年の八年間で二五〇㎞／年と第二期の水準まで戻ってしまった。こうした経緯の中で無電柱化の手法は進化していったといえる。第一期ではキャブシステムが整備された。歩道下のＢＯＸにまとめて電線管理者のケーブルを収納するというもので、歩道幅員が四・五ｍ以上必要であり、整備できる場所は限られている。その後。計画が進んでいく間に、電線共同溝というさらにコンパクト化し、各管路の中にケーブルを収納する形式になった。さらには、通信ケーブルをまとめることでよりコンパクト化し、歩道幅員が二・五ｍのところにまで整備が可能となった。日本の道路の約九割は歩道のない道路であり、歩道があっても二・五ｍ未満が大半であり、こうした狭隘道路をいかに整備していくか、

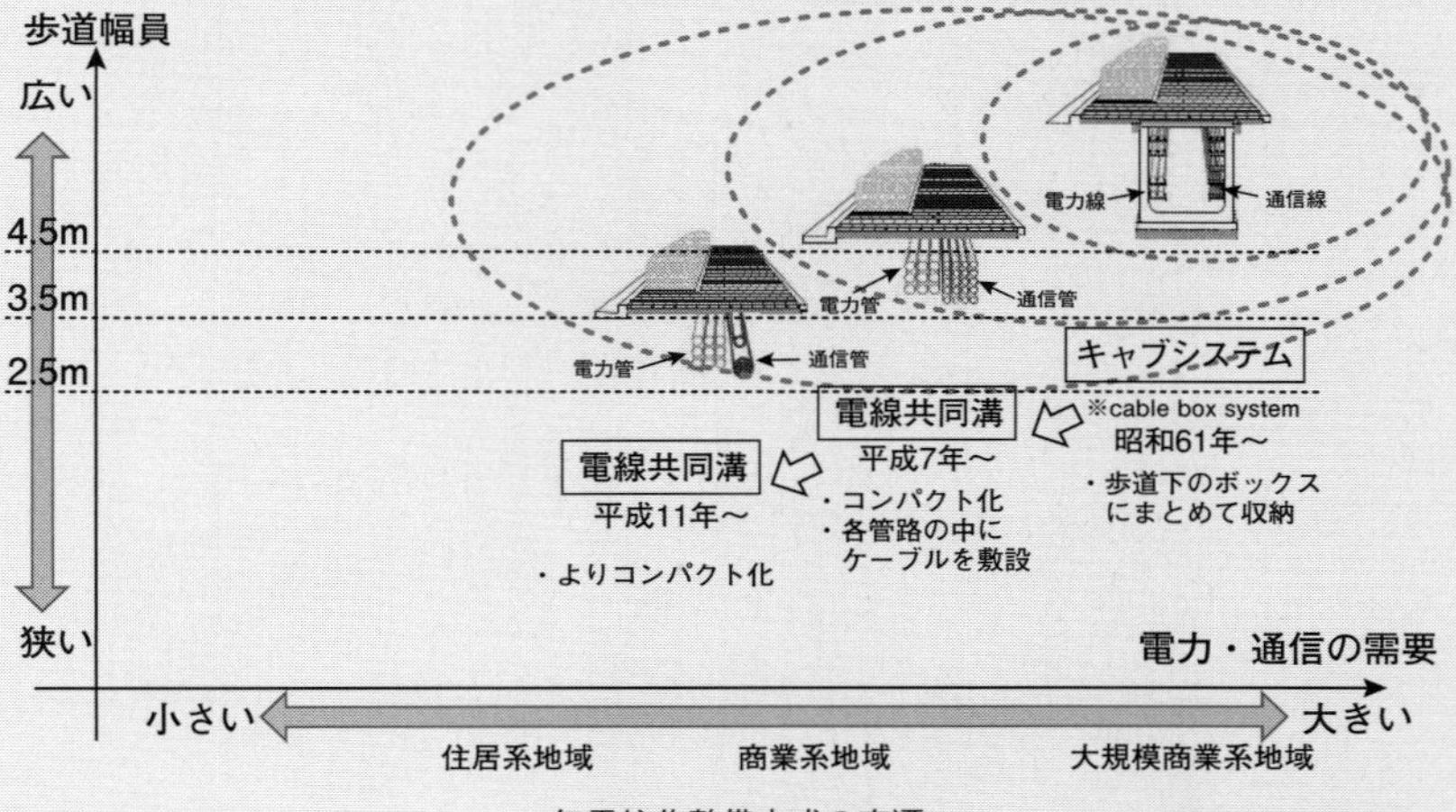

無電柱化整備方式の変遷　出典：国土交通省

また、低コスト化していくかが現在の課題となっている。既出の「浅層埋設方式」「小型ボックス活用方式」「直接埋設方式」は一部実際の道路で導入されてはいるが、現状では低コストとは言えない状況である。今後は管路材・特殊部等の低廉化、または、ケーブルの直接埋設など、無電柱化で先行する欧米やアジア諸国の低コスト手法を活用することが重要といえる。道路幅員や沿道状況など道路の規格は一律ではない。その場・状況に合った低コスト手法を用いることで、トータルにコストを削減することが可能となる。こうした、臨機応変な対応が今後の無電柱化整備には求められる。

(4) 住民の合意形成

無電柱化に取り組むのに腰が引ける要因の一つに、「住民の合意が得られるか」という心配が大きい。特に自治体にとっては、そのハードルを越えるのに自信がないままで、前に進みにくいようだ。もちろん沿道住民への多少の辛抱をお願いすることや了解を得ることは欠かせないが、実際にはきちんとした手順と理解を得ずには出来ないことは確かであ

無電柱化勉強会（京都府福知山市2017年６月）

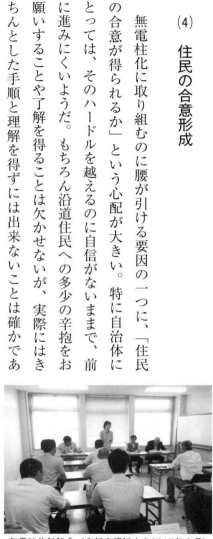

る。同時に、住民にとって一時的な辛抱の成果として、長い将来にわたって大きなメリットがあることも確かである。

合意形成のノウハウ

住民の合意形成を危惧する向きが多いのに対し、実際には手順を踏んだ住民参加の取り組みにより、ほとんど心配は除却される経験を積んでいる。一言で言えば、住民の心配事を予知し、それらへの対応策と理解を得るノウハウである。

住民の知りたいことはほとんど共通している。その意味で、無電柱化はガス・水道・下水道と同様、極めてシンプルな事業なのである。地上機器の位置や大きさ、歩行者・車両通行など工事期間中の生活・営業、各戸引込みなどの負担、心配は付きものであるが、大部分が誤解の解消や電柱存続との比較、住民の前向きな協力の引き出しといったことを、膝を交えた勉強や話し合いの場づくりの中で克服できるはずだ。

住民向け無電柱化勉強会（東京都北区　2017年8月）

地上機器は必要なところと具体的な位置について納得ずくで決めていくこと、工事は事業区間全域を同時に掘り起こすのではなく、順に進め、日々通行できる配慮をしていくこと、各戸引き込みは沿道負担ではなく、位置や色も相談していくことなど、話せば分かることが大半である。

さらに、少しの辛抱はあっても道が広く使え、事故や災害の心配もなく、美しい空が広がる気持ち良いまちを後世に残せることのメリットを分かってもらうことで、大きく前に進む。

大切なのは、そのような合意形成の場づくりである。これまでも多くのまちで何度か勉強会を重ね、現状と無電柱化後のシミュレーションを示すなど、分かりやすい視覚に訴えることは極めて効果的であることが分かっている。

また、「地中化工事をやりたい」という立場ではなく、冷静に、客観的にまちと住民にとって何が幸せなのか、というスタンスで臨むことも説得力の点で大切だ。そういう場面でも、第三者的な専門家集団のコーディネートが有効と考えている。

まちづくり、成長戦略としての取り組み

地中化は金を使うばかりで、他の景観事業と同様、経

無電柱化されて観光客数が大幅に伸びた伊勢市・おはらい町

済的価値を生まないとの通説があったが、それはすでに逆であることが実証済みである。京都・花見小路、伊勢・おはらい町、埼玉・川越などで地中化と合わせて道路の高質化、民間建物の修景といったまちづくりとしての事業展開により、来街者や売上げが何倍も増加という成果を見せている。

また住宅地においても、私たちのNPO法人が不動産鑑定の専門家と共同研究したところ、無電柱化により平均七％の土地価格の向上が見込めるとの研究成果を出している。東京大学の研究でも、景観向上は約一〇％の土地価格向上につながるとの実証的成果が報告されている。

生活環境としての快適性、安全性の向上はもとより、商業地や観光地としての魅力向上は数値目標として明快である。東海市での試みや京都・三条通での地中化計画は、伝統的な祭りが電線類で「変質」せざるを得ないのを解消するという、歴史・文化の保全・活用という効果をもねらいとする動きである。

地中化への投資や住民の参加は、末永い経済価値を地域にもたらす。これからの成長戦略としての捉え方により、「合意形成」を厄介なハードルと考えずに、「お勧めメニュー」との発想があって良い。「合意形成」を越えて、前向きな「推進パワー」になるという期待につながる。

5　無電柱化の実現へ

(1)　立ち上がる市民・専門家の活動

ＮＰＯ法人電線のない街づくり支援ネットワーク（二〇〇七年設立）は、無電柱化推進の啓発活動を関係団体と連携して行っている。

上を向いて歩こう～無電柱化民間プロジェクト

二〇一三年一〇月に再結成された「無電柱化議員連盟」に続いて、翌年七月一〇日、「上を向いて歩こう～無電柱化民間プロジェクト」が立ち上がった。

絹谷幸二東京芸術大学名誉教授が委員長、松原隆一郎放送大学教授が幹事長となり、多数の民間の著名人がメ

石井国土交通大臣への要望活動（2017年）

ンバーとなり、無電柱化を推進するための強い発信力をもった団体となっている。メンバーの中には、日本在住の著名な外国人も多く、彼らも海外事情を踏まえた日本の無電柱化推進に強く賛成している。

無電柱化を推進する市区町村長の会

二〇一五年一〇月二〇日、「無電柱化を推進する市区町村長の会」が発足した。この会は、全国約二九〇の首長が参加する団体で、政府や民間等との連携・協力を図り、安全で快適な魅力のある地域社会と豊かな生活の形成をはかることを目的としている。そのために、地域住民との理解を深め、国・地方・民間が一体となった無電柱化への意識を醸成する。また、政府等に対しても無電柱化の強力な推進に向けた要望活動を行っている。

二〇一六年二月一日には安倍晋三内閣総理大臣に対して要望活動を実施した。具体的な要望の内容としては無電柱化推進法案の早期成立や、無電柱化の推進に関する関係予算の確保等、地方自治体の負担の軽減、また、当法人と連携して、二〇一七年六月八日、衆議院第一会館にて「無電柱化による安全で美しい地域づくり大会」を行い、国土交通大臣に要望書を手渡しするなど、実際に無電柱化の推進に向けて行動を起こしている。

(2) 広報・啓発活動

無電柱化推進シンポジウムの開催など

無電柱化推進法の成立を受けて、当法人では、無電柱化推進シンポジウムを全国六都市（東京・大阪・那覇・札幌・名古屋・金沢）で開催した。後援には（一財）日本みち研究所、（一社）無電柱化民間プロジェクト実行委員会、無電柱化を推進する市区町村長の会、NPO法人「日本で最も美しい村」連合や、地元のマスコミにも依頼し、参加者の拡大や広報の支援をお願いした。このシンポジウムでは、一般や行政の方に多数参加してもらうことで、無電柱化についての認知向上を目指している。また、二〇一四年から東京で開催されている無電柱化推進展は、無電柱化に関する最新技術・製品・サービスに特化した国内唯一の展示会であり、低コストで行う無電柱化について最新の情報が得られる機会になっている。

無電柱化出前授業や出張講義

当法人では、啓発活動として小学生向けの無電柱化出前授業や大学生への出張講義を行っている。

二〇一七年一一月に行った小学校（四年生）での出前授業では、授

無電柱化推進シンポジウムのパネルディスカッションの様子（2017年10月北海道札幌市）

業の冒頭で「電柱がある方がよいか、無い方がよいか」というアンケートをとると、ほぼ半分に分かれたが、無電柱化のメリットやデメリットの授業を終えた時点では、大半の児童が「無い方がよい」と答える結果となった。

また、二〇一八年一月には沖縄県の琉球大学工学部で出張講義を行った。学生たちは事前に無電柱化について知っている者は六四％だったが、講義を終えた後に無電柱化に対して賛成する学生は八八％まで増えた。学生が授業後に書いた「どうすれば無電柱化は進むか」のレポートは、沖縄県の道路事情も反映した優れた提案のものが多く、当法人にとって、大変参考になるもので、今後の無電柱化推進の参考となった。

琉球大学での無電柱化出張講義の様子（2018年1月）

(3) 研究・技術開発・セミナー

これまでは、ほとんどが全国一律の地中化技術・工法に頼ってきた。しかし道路幅員や交通量はもとより、幹線道路と生活道路、住宅地と商業地、市街地と田園地域、大都市と小都市、離島など状況に応じた技術手法や工法が検討され、採用されるべきである。それにより低コスト化をはじめ、工期短縮、地元影響の最小化といった効果が期待できる。

そこで必要なのは、設計、資材、技術、施工などが長年変わらないまま「一極集中」あるいは各分野間の交流・連携不在、不足の打開である。そもそも土木分野のコンサルタント、設計者、資材・機器製作者、施工者は無数に居るはずなのに、地中化に精通し、さらには他の分野同様、常に技術開発を行い、それをサポートする機会やプロ、主体が見当たらないという状況が長く続いた。

当法人も、無電柱化のノウハウ、技術・法制度が学べる官民の専任担当者向けのセミナーを全国各地で開催。東京、大阪では、会員間で定期的な技術交流で基礎となる分野の拡大、専門性の向上に取り組んでいる。

(4) 無電柱化支援活動・アドバイザー派遣

実際に無電柱化をめざし、行動しようとしても、何から、どのように進めるのかが分からないことが多い。手慣れた電柱から電線を引き込むこととは、異次元の世界なのだ。そこで当法人は、無電柱化の各分野、異業種を含む推進専門家集団の強みを生かし、行政や商店街、地域まちづくり協議会などに対して、勉強会への参加、実施上の問題解決、進め方などの助言を行っている。

京都府福知山市では、商店街や自治会の役員、そして行政担当者の集まる場で、四回の無電柱化勉強会から始まって、定期的に行政と住民、場合により電力・通信事業者も加わる集会に出て、企画・設計から工事・完成までフルコースをコーディネートした。そこまでしなくても、工法・コストの見通しがつき、住民の理解が得やすいように第三者の専門家として、ケースバイケースで適任者あるいはチーム編成により具体事業を支援できる体制を整えている。

街並み見学会（2010年5月奈良市）

Column

無電柱化事例を紹介

成田山新勝寺　表参道無電柱化事業（観光地・商店街）

平安時代中期の開山と伝わる成田山新勝寺（千葉県成田市）。総門に通じる表参道は、江戸時代に形成された門前町だ。一九七〇年代頃から車の往来が激しくなり、歩行者にとって危険な状況となった。上町地区の街づくり協議会では、衰退した商店街の再生を目指し成田市と調整、一九九六年より左記の三事業からなる街路整備事業に取り組んだ。

①セットバック事業：歩道空間を確保するため、旧道路境界から両側二mをセットバック（用地は成田市が買収）、道路幅員は一〇・五mへ拡幅された。（道路断面図参照）

②無電柱化事業：無電柱化は、自治体管路方式で整備された。歩車道分離も図られ、初詣やイベント時は歩行者天国となり、歩いて楽しい快適な参道へと生まれ変わった。

③ファサード（建物の正面）の改修事業：門前町にふさわしい建物のガイドラインとして①白い外壁　②和瓦　③和風看板の使用が定められた（改修費は成田市からの助成）。

2mセットバックによる道路断面図

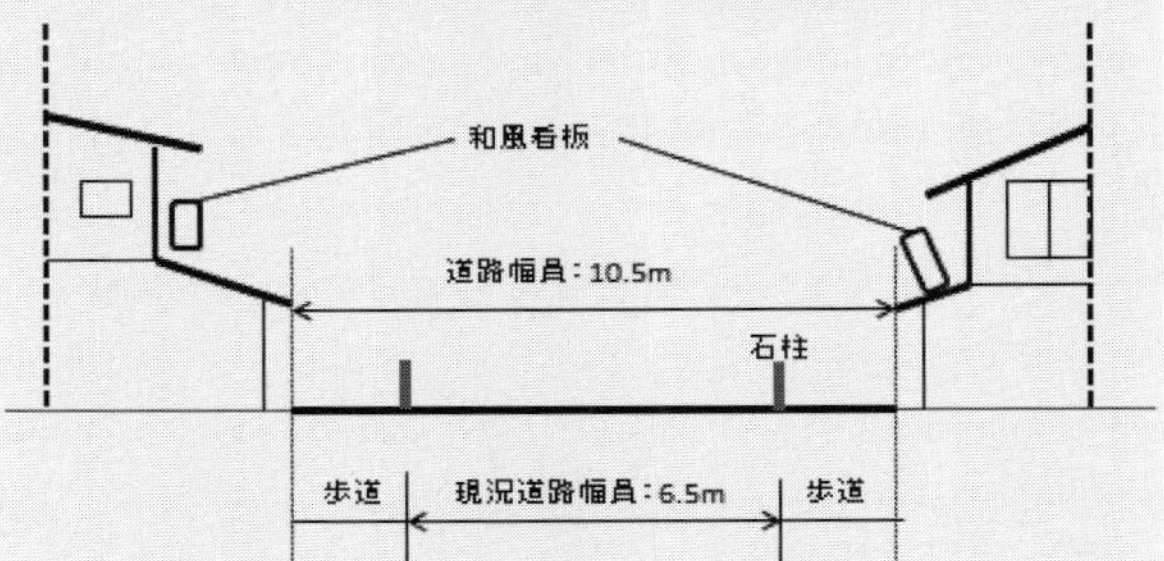

レイクタウン美環の杜（住宅開発地）

埼玉県越谷市にあるレイクタウン美環の杜（一三二戸）は環境省「街区まるごとCO_2二〇%削減事業」に採択され、人と自然が共生する「環境共生型」の高級住宅団地。

水路越しにみるまちなみは、電柱・電線がなく米国西海岸を彷彿させるようなスカイラインが映える。地上トランスは景観に配慮して、道路脇のグリーンスポットにゴミ置き場と一緒に設置されている。

レイクタウン越谷の街並み

新潟県見附市（住宅開発地）

新潟県中央部に位置する見附市では二〇一二年より久住時男市長が先頭に立ち、ウェルネスタウン構想が立ち上がった。「健幸」というテーマのもと、「歩いて健康になる街」の実現には無電柱化が不可欠とのことで企画段階から当法人もディスカッションに参画した。

ウェルネスタウンみつけの全景写真（新潟県見附市フェイスブックより）

事業概要は、田のなかに新しい街を作る（戸建て七四区画・集合住宅一棟、広さ四五〇〇〇㎡）、というもので、全国に先駆けて「小型ボックス」で無電柱化された。

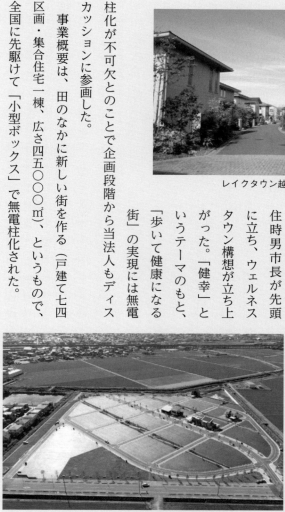

実際の工事では、浅層埋設で大型重機が使用できず、小型重機での施工となり進捗が遅れたことや、設計が遅れ、水道、ガス、側溝など他の工事との工程管理が難しかった。さらには小型ボックスが非常に高額で、コスト低減の効果がでなかったことは想定外であった。現在二〇区画が売約済みである。

京都市先斗町（観光地・細街路）

先斗町通は京都市中京区に位置し、京都市の東側を流れる鴨川と木屋町通の間にある。飲食店がひしめきあう四九〇mの通りは狭い所で幅員一・六mしかないが、市内でもトップクラスの電力需要の多い所である。二〇〇九年に先斗町まちづくり協議会が立ち上がり、乱れていたまちの整備計画が立てられた。無電柱化でネックになったのが三〇基の地上機器の設置場所だった。電線事業者、道路管理者との調整は先斗町まちづくり協議会の協力で店先の出格子の下など目立たない場所に設置される。

工事は飲食店閉店後の深夜一時から朝八時まで。幅員が狭いため、人力施工できる長さ五〇㎝の小型ボックスを使用している。二〇一八年九月現在、先斗町公園から北半分

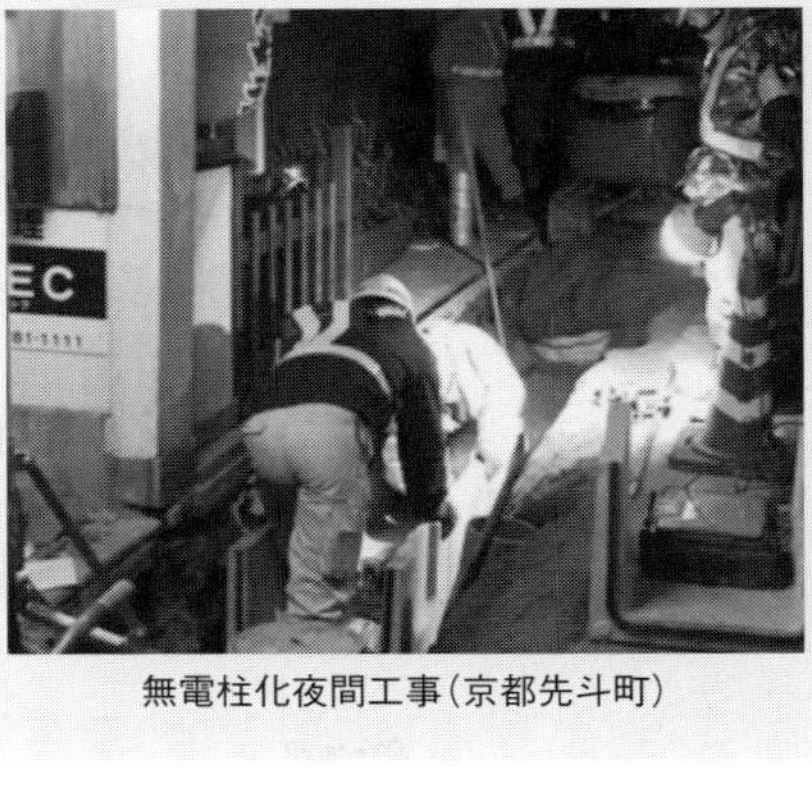

無電柱化夜間工事（京都先斗町）

の工事が終了しており、今後南半分を一年弱ほどで進めていく予定。二〇一八年度に工事完了を目指しているが、小型ボックスの設置場所の柔軟な変更などが難しく、工期が伸びる傾向にある。

長野県白馬村（景観・観光）

白馬村は長野県の北西部に位置し、雄大な白馬連峰をいだくスキーなどで人気の観光地だ。世界水準の山岳観光地を目指す中で課題となっている電柱・電線について、二〇一八年六月六日に無電柱化を推進する条例を制定、同日施行した。

六年前から、地域住民で組織する「白馬駅前の無電柱化を考える会」が立ち上がり、無電柱化を求める要望が出ており、同村では検討を進めていた。現在は、この流れを受けて、白馬駅前周辺整備検討委員会において、無電柱化を含めた駅前のグランドデザインを検討している。

今回制定した無電柱化条例では景観だけでなく、防災や交通安全も目的に据える内容となっている。今後は、条例に基づいて同年内に無電柱化推進計画を策定する予定。

白馬村駅前の風景（電線が山並みの景観を阻害）

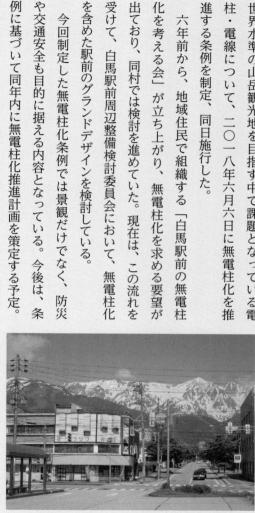

NPO法人
電線のない街づくり支援ネットワーク

概要

2007年に発足した無電柱化推進を専門に活動する国内唯一のNPO。電線のない安全・安心で美しい景観の街づくりを支援しています。現在は、大阪、東京を中心に北海道、沖縄、中部の５つの事務所を拠点として活動を行っており、今後もさらなる拡大を目指しています。

活動内容

①技術セミナー・シンポジウム

無電柱化の最新情報、技術、ノウハウ、法制度等が学べる、専任担当者向けのセミナーやシンポジウムを各分野の専門家を招いて全国各地で行ないます。

②無電柱化支援事業

電柱や電線のない安全安心で美しい景観の街づくりを実施したいと思っているすべての機関（行政・デベロッパー・商店街等）を技術面・ノウハウ面で支援します。

③広報活動

広報誌『美空』・メールマガジンの発行を通じて、NPOでの活動報告や研究成果の発表、会員への情報提供とコミュニケーションを図ります。

④各支部活動委員会

全国５支部で定期的に会員向けの情報交換会・勉強会を開催。各会員間の交流や意見交換を行い、無電柱化ビジネスの活性化を目指します。（正会員限定）

⑤研究開発

国土交通省をはじめ、専門家や専門機関、会員企業との連携・共同研究を通じて、無電柱化の低コスト製品・技術の開発をしています。

⑥インターンシップ等

インターンシップ（大学生・高校生）やボランティアの受け入れを行い、無電柱化の知識の普及とともに、各個人の成長を促す取り組みをしています。出前授業も実施中。

各種URL

ホームページ　http://nponpc.net

メールマガジン　http://archive.mag2.com/0000266000/index.html

Facebook　http://www.facebook.com/NPONPC

連絡先（事務局）

大阪事務局　tel. 06-6381-4000　東京　tel. 03-5606-4470

北海道　tel. 011-741-1391　沖縄　tel.098-945-0288　中部　tel. 0568-34-5535

「無電柱化の推進に関する法律」　概要

目　的

災害の防止、安全・円滑な交通の確保、良好な景観の形成等を図るため、無電柱化（※）の推進に関し、基本理念、国の責務等、推進計画の策定等を定めることにより、施策を総合的・計画的・迅速に推進し、公共の福祉の確保、国民生活の向上、国民経済の健全な発展に貢献　　（1条）

（※）電線を地下に埋設することその他の方法により、電柱又は電線（電柱によって支持されるものに限る。以下同じ。）の道路上における設置を抑制し、及び道路上の電柱又は電線を撤去することをいう。

基本理念

1．国民の理解と関心を深めつつ無電柱化を推進　　（2条）
2．国・地方公共団体・関係事業者の適切な役割分担
3．地域住民が誇りと愛着を持つことのできる地域社会の形成に貢献

国の責務等

1．国：無電柱化に関する施策を策定・実施　　（3～6条）
2．地方公共団体：地域の状況に応じた施策を策定・実施
3．事業者：道路上の電柱・電線の設置抑制・撤去、技術開発
4．国民：無電柱化への理解と関心を深め、施策に協力

無電柱化推進計画（国土交通大臣）

基本的な方針・期間・目標等を定めた無電柱化推進計画を策定・公表　　（7条）
（総務大臣・経済産業大臣等関係行政機関と協議、電気事業者・電気通信事業者の意見を聴取）

都道府県・市町村無電柱化推進計画

都道府県・市町村の無電柱化推進計画の策定・公表（努力義務）　　（8条）
（電気事業者・電気通信事業者の意見を聴取）

無電柱化の推進に関する施策

1．広報活動・啓発活動　　（9～15条）
2．無電柱化の日（11月10日）
3．国・地方公共団体による必要な道路占用の禁止・制限等の実施
4．道路事業や面開発事業等の実施の際、関係事業者は、これらの事業の状況を踏まえつつ、道路上の電柱・電線の新設の抑制、既存の電柱・電線の撤去を実施
5．無電柱化の推進のための調査研究、技術開発等の推進、成果の普及
6．無電柱化工事の施工等のため国・地方公共団体・関係事業者等は相互に連携・協力
7．政府は必要な法制上、財政上又は税制上の措置その他の措置を実施

※　無電柱化の費用の負担の在り方等について規定（附則2項）
※　公布・施行：平成28年12月16日（附則1項）

おわりに

小冊子ではあっても「読み物」ではなく、強いメッセージであり、確かな指針、そして行動の原動力となることを願って刊行したのが本書である。

「世界の常識」である無電柱化が、まだまだ「日本の常識」となっていない中で、本書は、改めて無電柱化の意義やねらいから、急ピッチで進むその動き、そして実現に必要なノウハウを満載し、内容も無駄をそぎ落として、短時間で一読して役立つものになったと自負している。

ただ、それを可能にしたのは執筆担当した者の力ではなく、本書の内容を支えてくれる国、自治体、企業、そして研究者・技術者といった多くの仲間の実践や連携の成果である。

無電柱化は、これまで大きな困難を伴うとされてきた。しかし今では、大きな志と確かな情報、そしてささやかな努力で成し遂げられる時代に変わろうとしている。そのためのスタートは切られ、ダッシュをかける時でもある。それを加速させる一助となることを切に願う。

髙田　昇

本書作成にあたり、当NPO法人の個人会員・法人会員より協賛をいただいた。
謝意を表すとともに、ここに記す。

脱・電柱社会と共に シンテック㈱、無電柱化材料の総合商社 北野電機㈱、
電気用コンクリート製品設計製造 ㈱オーコ、電線のことなら ㈱イズマサ、
電線のない街づくりを推進する ㈱長栄通建、
無電柱化のディスラプション企業 ㈱ジオリゾーム、
日本興業㈱、未来工業㈱、弘陽工業㈱、共和ゴム㈱、㈱協和エクシオ沖縄、
ミライズ公共設計㈱、㈱七和、㈱きゃん電研、ジオ・サーチ㈱、戸田道路㈱、
星合善文、北村良、中大路三線店

主な執筆分担（50音順）

髙田　昇　NPO法人理事長、COM計画研究所代表、立命館大学名誉教授　4(1)(2)(3)(4)、5(3)(4)担当
松原隆一郎　NPO法人副理事長、放送大学教授　1(1)Column、3(3)Column担当
井上利一　NPO法人理事・事務局長、㈱ジオリゾーム代表取締役　4Column 2カ所担当

髙山登、塚田泰二、井上承子、井上空　一部担当

見あげたい日本の空☆復活へのシナリオ
無電柱化の時代へ
2018年11月10日　第1刷発行

編　著　©NPO法人電線のない街づくり支援ネットワーク

発行者　竹村 正治
発行所　株式会社 かもがわ出版
〒602-8119　京都市上京区堀川通出水西入
TEL 075-432-2868　　FAX 075-432-2869
振替 01010-5-12436
http://www.kamogawa.co.jp

製作　新日本プロセス株式会社
印刷所　シナノ書籍印刷株式会社

ISBN978-4-7803-0990-4　C0036　　Printed in JAPAN